应急预案编制与演练

主　编　徐　阳　何　淼　甘黎嘉
副主编　黄　辉　李　冕　朱广红
参　编　梁玉春　游成旭　孙益星
主　审　赵明全

高等职业教育安全类专业系列教材

重庆大学出版社

内容简介

应急预案是应急管理体系的重要组成部分，是应急管理工作的核心内容之一，也是及时、有序、有效地开展应急救援工作的重要保障。因此，生产安全事故应急预案在企业应急管理工作中发挥着重要作用。本书分5个项目对应急预案的编制和管理内容做了较为全面系统的介绍，包括绪论，应急预案编制程序及格式要求，事故风险辨识，评估和应急资源调查，企业应急预案编制，应急预案管理。本书内容注重对企业应急预案编制方法的讲解和预案编制能力的培养，以最新国家标准为依据，并穿插较多的真实应急预案的相关内容作为范例。

本书可作为高等院校安全类专业的教材，又可作为企业安全生产技术与管理人员的培训教材，是进行生产安全事故应急预案编制与演练的实用参考书。

图书在版编目(CIP)数据

应急预案编制与演练 / 徐阳，何淼，甘黎嘉主编
. -- 重庆 : 重庆大学出版社，2021.7（2024.8 重印）

ISBN 978-7-5689-2823-6

Ⅰ.①应… Ⅱ.①徐… ②何… ③甘… Ⅲ.①突发事件—应急对策—安全培训—高等职业教育 Ⅳ.①X928

中国版本图书馆 CIP 数据核字(2021)第 137027 号

应急预案编制与演练

主　编:徐　阳　何　淼　甘黎嘉

策划编辑:杨粮菊

责任编辑:荀荟羽　　版式设计:杨粮菊

责任校对:王　倩　　责任印制:张　策

*

重庆大学出版社出版发行

出版人:陈晓阳

社址:重庆市沙坪坝区大学城西路 21 号

邮编:401331

电话:(023) 88617190　88617185(中小学)

传真:(023) 88617186　88617166

网址:http: / / www. cqup. com. cn

邮箱:fxk@ cqup. com. cn (营销中心)

全国新华书店经销

重庆正文印务有限公司印刷

开本:787mm×1092mm　1/16　印张:8.75　字数:232 千

2021 年 7 月第 1 版　2024 年 8 月第 4 次印刷

印数:9 001—11 000

ISBN 978-7-5689-2823-6　定价:39.80 元

前言

我国是灾害多发频发的国家。为防范化解重特大安全风险，健全公共安全体系，整合优化应急力量和资源，推动形成统一指挥、专常兼备、反应灵敏、上下联动、平战结合的中国特色应急管理体制，提高防灾减灾救灾能力，确保人民群众生命财产安全和社会稳定，2018年4月16日，中华人民共和国应急管理部正式挂牌成立，把13项与应急响应有关的职能进行整合和优化，包括公安部的消防管理职责，民政部的救灾职责，自然资源部的地质灾害防治，水利部的水旱灾害防治，中国地震局的震灾应急救援职责等。此次机构改革构建了我国事故灾害应急管理的新格局，将全面提升应急救援的协同性、整体性和专业性。

生产安全事故应急预案是指针对可能发生的事故，为最大程度减少事故损害而预先制定的应急准备工作方案，它是开展应急救援的行动计划和实施指南，是标准化的反应程序。《中华人民共和国安全生产法》(2021年6月10日修订)、《生产安全事故应急条例》(国务院令第708号)、《生产安全事故应急预案管理办法》(2016年6月3日国家安全生产监督管理总局令第88号公布，根据2019年7月11日应急管理部令第2号《应急管理部关于修改〈生产安全事故应急预案管理办法〉的决定》修正)等法律法规均对企业应急预案管理工作提出明确要求，各生产经营单位必须制定本单位的生产安全事故应急预案，并做好培训、演练等工作。

本书结合《国家职业教育改革实施方案》《关于组织开展“十三五”职业教育国家规划教材建设工作的通知》等文件精神要求，主要定位于高等职业教育安全类专业学生。在编写过程中，教材以《生产经营单位生产安全事故应急预案编制导则》(GB/T 29639—2020)、《生产安全事故应急演练基本规范》(AQ/T 9007—2019)等最新技术标准为依据，提炼选取企业优秀应急预案作为教学案例，以工作实际为主线，注重教学做一体化，使学生能够较快地掌握应急预案编制工作方法，具备应急预案编制和管理的岗位能力。

本书由重庆安全技术职业学院徐阳、何淼、甘黎嘉担任主编，重庆安全技术职业学院黄辉、李冕和中国安能集团第三工程局重庆发展建设有限公司朱广红队长任副主编。重庆安全技术职业学院游成旭、孙益星，河北能源职业技术学院教师梁玉春，中国安能集团第三工程局重庆发展建设有限公司左自成队长参与了编写。本书编写分工：项目四、项目五由徐阳编写；项目二由李冕编写；项目三由何淼编写；项目一中的任务一由甘黎嘉、朱广红编写；项目一中的任务二由黄辉编写；附录部分由游成旭、梁玉春、孙益星编写；全书最后由徐阳、何淼统稿，由赵明全主审。

本书在编写过程中参考了相关专著与文献资料，在此，向有关作者表示感谢。本书出版得到了重庆市高等职业教育教学改革研究项目“安全技术与管理专业群共享实训基地建设研究”的支持，在此表示感谢。

由于编者水平有限，书中可能存在不妥之处，敬请广大读者批评指正。

徐阳、何淼

2021年4月

目录

项目一　绪　论

【项目描述】

生产安全事故应急预案作为安全生产应急管理的重要内容和应急救援的一项基础性工作,对于提高企业生产安全事故应急救援能力、降低企业生产安全事故损失具有重大意义。近年来,各地区、各有关部门和各类生产经营单位按照党中央、国务院的统一部署和要求,在预案管理方面做了大量工作,生产安全事故应急预案编制工作取得了很大进展,管理水平不断提高。但从整体上看,生产安全事故应急预案管理工作仍有不足。各类生产经营单位要以提高应对事故灾难的能力、防范和控制重特大事故发生为目标,采取有力措施,把生产安全事故应急预案管理工作真正落到实处。

本项目主要学习生产安全事故应急预案的基础知识以及相关法律法规等内容。重点提高学生对企业应急预案编制工作重要性的认识,培养学生对应急预案相关法律法规及文件要求的理解和运用能力。

【学习目标】

知识目标:

(1)熟悉生产安全事故应急预案的概念、特点、分类。

(2)熟悉生产安全事故应急预案的重要性。

(3)熟悉应急预案体系建设存在的问题。

(4)掌握应急预案的相关法律法规及文件要求。

技能目标:

(1)具备对应急预案工作的认知和分析能力。

(2)具备熟练掌握、运用应急预案相关法律、法规、规章和标准的能力。

素养目标:

(1)养成严谨的工作态度。

(2)具有良好的逻辑分析能力。

(3)具备专业、敬业的工作精神。

任务一　应急预案概述

【任务实施】

党的十八大以来,党中央、国务院高度重视应急预案工作,习近平总书记和李克强总理对加强安全生产工作多次作出重要指示、批示。应急预案是应急管理体系的重要组成部分,是应急管理工作的核心内容之一。生产安全事故应急预案是及时、有序、有效地开展应急救援工作的重要保障,在企业安全生产应急管理工作中发挥着重要作用。要保证应急预案工作顺利开展,需要了解和掌握应急预案编制与管理的相关知识。

一、应急预案的概念

古往今来,人们都非常重视对危机的预防。古人常语,“宜未雨而绸缪,毋临渴而掘井”“凡事预则立,不预则废”,《管子》主张“以备待时”“事无备则废”。我国春秋末期,著名军事家孙武在《孙子兵法》中强调了预先计划对决定战争胜负的重要作用。他提出,道、天、地、将、法是战略计划的重要组成部分,“凡此五者,将莫不闻,知之者胜,不知之者不胜”“夫未战而庙算胜者,得算多也;未战而庙算不胜者,得算少也。多算胜,少算不胜,而况于无算乎!吾以此观之,胜负见矣”。由此可见,事先制订周密详尽的计划和方案是多么重要。随着社会的发展,应急预案逐渐被人们应用于各种灾害事故和社会管理,并在世界许多国家广泛运用。

“预案”在《现代汉语词典》中的解释:为应付某种情况的发生而事先制订的处置方案。在《生产经营单位生产安全事故应急预案编制导则》中,应急预案是指针对可能发生的事故,为最大程度减少事故损害而预先制定的应急准备工作方案。生产安全事故应急预案是开展事故灾难应急救援行动的计划和实施指南,它明确了事前、事发、事中、事后各个过程中相关部门和有关人员的职责、响应程序和处置措施,是国家应急预案体系的重要组成部分。与其他种类的应急预案不同的是,生产安全事故应急预案牵涉面广,涉及的生产企业数量大、种类多,包含了国民经济部门的各行各业。另外,生产安全事故应急预案的执行主体是企业,事故灾难发生后,企业首先根据应急预案开展应急救援,以企业为主是生产安全事故应急预案的重要特征。具体来说,生产安全事故应急预案主要包括4个方面的内容:一是事故预防,通过危险辨识、事故后果分析,采用技术和管理手段降低事故发生的可能性,或将已经发生的事故控制在局部,防止事故蔓延;二是应急处置,一旦发生事故,通过应急处理程序和方法,可以快速反应并处置事故或将事故消除在萌芽状态;三是抢险救援,通过编制应急预案,采用预先的现场抢险和救援方式,对人员进行救护并控制事故发展,从而减少事故造成的损失;四是灾后恢复,包括人员救治、善后处理、恢复生产等。

二、应急预案的特点

突发事件具有种类多、分布广、损失大、影响广泛、危害严重等诸多特点，应急预案就是针对突发事件的这些特点而制定的具体行动方案。因此，应急预案必须覆盖各领域、各行业、各类型和各单位的突发事件应对与处置工作，形成“横向到边、纵向到底、具体到点”的应急预案体系，应急预案具有鲜明的系统性、权威性、针对性、操作性和时效性特点。

1.系统性

应急预案编制是一个完整的系统工程，应急预案的管理是全环节、全链条、全过程的管理。应急预案编制过程遵循程序性，应急预案体系结构体现系统性，应急预案形式符合规范性，应急预案要素具备完整性，应急预案配套资料及附件则具有补充性。从编制流程上讲，包括从应急预案编制准备到应急预案执行都有严格的程序来确保应急预案的启动实施与编制质量；从预案体系上讲，包括对应急管理工作及突发事件应对与处置的具体措施，要有突发事件总体应急预案（综合应急预案）、专项应急预案和现场处置方案；从预案形式上讲，包括依据有关导则和办法的规定，按照预案种类和功能所包含的基本格式、基本框架和基本结构，确保应急预案符合规范；从预案要素上讲，应急预案包括事前的危险源识别与辨识、应急管理制度与应急准备、预测预警等，事发的先期响应、风险管控、信息传递等，事中的应急处置与联动、指挥决策、应急保障等，事后的恢复与重建、善后处置以及应急结束等相关内容；从预案的附件和佐证资料上分析，包含实施应急响应行动所需的基本信息、各类表格等。应急预案的系统性还体现在功能完整、应急过程完整、适用范围完整上。突出预防为主、快速反应，要立足于抓早、抓小、抓苗头，强化信息的广泛收集，争取早发现、早报告、早控制、早解决，把突发事件控制在一定范围内，避免造成社会秩序失控和混乱。一旦发生突发事件，确保发现、报告、指挥、处置等环节紧密衔接，做到快速反应，正确应对，果断处置。

2.权威性

应急预案必须合法合规，具有突发事件应对与处置的权威性。应急预案是依据有关法律、法规、规章制度和地方实际情况制定的应对突发事件的具体行动方案，是对国家有关法律、法规和规章制度在应急管理领域的具体化，具有强制力，是检查和落实应急管理工作的规范性文件，是实施奖励和追究责任的基本依据。颁布实施的应急预案，是政府及其部门依法推进应急管理工作的施政措施，是企业做好突发事件应对工作的重要保障。应急预案既是一种规范性文件，也是一种法律性文件，充分体现了法律、法规赋予的神圣权利，对突发事件应对工作具有强大的约束力。

3.针对性

应急预案的应对对象是突发事件，因此具有极强的针对性。不同类型应急预案的作用和功能也有所区别。因此，编制应急预案时，应当注重其针对性，做到有的放矢。要根据实际面临的风险、事故种类特点、现有应急资源及本地区和本单位实际情况，编制应急救援预案。突发事件总体应急预案（综合预案）是对突发事件应对工作的总体安排和部署，体现在原则和指导上；专项应急预案是对不同类型的突发事件应对工作做出的专项安排，提出具体应对要求，体现在专业应对上；现场处置方案是对突发事件应对的具体环节进行计划和部署，明确怎么干，干到什么程度，体现在突发事件应对工作的具体行动上；重大活动应急预案体现在“预防措施”上。应急预案应充分吸取其他地区或部门应急预案编制与管理的有效做法，借鉴国内外突发事件处置工作的成功经验，研究本地区、本单位突发事件应对与处置工作的典型案例，从成功经验或失败教训中分析比较，归纳出符合实际、行之有效的做法。组织应急预案编制时，要明确编制目的，要始终围绕着突发事件应对与处置工作的重点和关键环节组织编制，确保应急预案能有效指导、科学应对、妥善处置各类突发事件。

4.操作性

应急预案重点突出的是突发事件应对与处置，强调的是操作性。应急预案是针对突发事件处置工作而制定的，必须能用、管用、实用。因此，应急预案一定要从实际出发，切忌生搬硬套，不同层级的应急预案应在具体内容、操作程序、行动方案上有所区别。突发事件总体应急预案重在明确相关组织机构与职责、预案体系的设计与安排、应对工作的原则和要求等；专项应急预案重点明确参与应对相关单位的职责与联动、应急响应的级别与措施等；现场处置工作方案重在明确应急处置的程序和方法、个人防护和现场处置技能等。预案文本描述必须准确无误、表述清楚，对突发事件事前、事发、事中、事后的各个环节，对预案所涉及的内容都应有明确、清晰的描述，能量化的一定要量化，能具体的一定要具体，不能模棱两可、产生歧义。每个应急预案的分类分级标准尽可能量化、细化，职能职责定位尽可能具体到单位或人员，避免在应急预案启动时出现职责不清、推诿扯皮等现象。编制应急预案，必须立足突发事件一定会发生、马上发生、发生的大小和级别与预案设计的等级相同，只有在这个基础上，明确的相关职责与资源调动才是可行的；预案编制时，只写以现有力量和资源能做到的，不写未来的建设规划、目标等内容；组织指挥体系与应急处置工作的实际要相适应，与现行的工作机制相适应，不强求千篇一律；根据实际情况确定应急响应与应急处置的相关级别和程序，不搞上下一般粗。

5.时效性

应急预案在一定的范围和时限内，具有法律效应，超出其范围和时效，就降低或失去了对突发事件应对工作的指导意义。应急预案是在现行行政管理体制下，针对现存风险和危险源，在有效时段内对所担负的应急管理和突发事件应对工作的部署和安排。当行政管理体制和应急资源发生变化、风险消失、危险源转移、应急工程与重大应急活动结束等情况发生时，已有的应急预案就难以适应突发事件应对工作的需求，应及时进行修订和完善应急预案，并建立应急预案持续更新改进的长效机制。

三、应急预案的分类

突发事件应急预案按照不同的分类标准，有不同的分类方法。应急预案分类的具体方法，可根据地方或单位实际情况确定。按行政管理层次可分为国家级、地方级（省级、市级、县级）及基层单位应急预案；按应急预案的时间特征可分为常备应急预案和临时应急预案（如偶尔组织的大型集会等）；按应急管理的对象可分为自然灾害类应急预案、事故灾难类应急预案、公共卫生事件类应急预案和社会安全事件类应急预案；按应急预案的适用范围和功能可分为突发事件总体应急预案、专项应急预案、部门应急预案、企事业单位应急预案和重大活动应急预案等；按应急预案的编制和执行责任主体的不同，可分为政府及其部门应急预案、单位和基层组织应急预案。依据《中华人民共和国突发事件应对法》，一般所讲的应急预案分类，就是按照编制和执行责任主体的不同，对应急预案所进行的划分，包括政府及其部门应急预案、单位和基层组织应急预案两大类。

1.政府及其部门应急预案

政府及其部门应急预案包括突发事件总体应急预案、专项应急预案、部门应急预案、重大活动应急预案、联合应急预案等。

突发事件总体应急预案是应急预案体系的总纲，是政府组织应对突发事件的总体制度安排，由县级以上人民政府制定，主要解决“谁来干”的问题。突发事件总体应急预案名称由“地方名称+突发事件总体应急预案”构成。如“××省+突发事件总体应急预案”，即《××省突发事件总体应急预案》。设区市或经济开发区、自贸区、特区还应在地方名称前加辖区上级地方名。如“××市+××区突发事件总体应急预案”，即《××市××区突发事件总体应急预案》。

专项应急预案是政府为应对某类型或某几种类型突发事件，或者针对重要目标物保护、重大活动保障、应急资源保障等重要专项工作而预先制定的涉及多个部门职责的工作预案，报本级人民政府批准后印发实施，主要解决“干什么”的问题。专项应急预案名称由“地方名称+事件类型+功能+应急预案”构成。如“国家+自然灾害+救助+应急预案”，即《国家自然灾害救助应急预案》。若是重大活动应急预案、重要目标物保护应急预案，还需要加重大活动名称或者重要目标名称。

部门应急预案是政府有关部门根据突发事件总体应急预案、专项应急预案和部门职责，为应对本部门（行业、领域）突发事件，或者针对重要目标物保护、重大活动保障、应急资源保障等涉及部门工作而预先制定的工作方案，由各级政府有关部门制定，主要解决“怎么干”的问题。部门应急预案的名称只有一个，就是《××部门突发事件应急预案》。部门应急预案应当是一个相对独立完整的体系，在部门应急预案的具体章节中，应根据突发事件总体应急预案和专项应急预案所赋予的任务，明确相关工作方案。因此，部门应急预案具体章节中可能会有很多应对工作方案。其名称由“地方名称+部门名称+应对+突发事件+功能+工作方案”构成，如“××省+卫生健康委+应对+火灾事故+救治+工作方案”，即《××省卫生健康委应对火灾事故救治工作方案》。

重大活动应急预案是专项应急预案及部门应急预案的一种特殊形式，是为应对重大活动、重要目标物保护中可能引发的突发事件，采取应急保障、应急资源调配措施，涉及多部门共同参与应对工作而预先制定的工作方案，主要解决“如何干”的问题。重大活动应急预案名称由“地方+活动名称+事件+应急预案”构成，如“××市+全运会+恐怖袭击事件+应急预案”，即《××市全运会恐怖袭击事件应急预案》。

联合应急预案是相邻、相近的地方政府及其有关部门或相关联的单位为应对区域性、流域性突发事件而预先联合制定的应对工作方案，主要解决“协作干”的问题。目前，我国的各种经济开发区、工业园区较多，各种形式的联合体通常不在当地政府的管辖范围之内，当遇有重大突发事件时，需要多个政府或多个单位来共同应对，为区域性、流域性的突发事件应对工作提供可靠保障。联合应急预案名称由“联合单位或区域+突发事件类型+功能+联合应急预案”构成，如“长三角地区+大气+防治+联合应急预案”，即《长三角地区大气防治联合应急预案》。

2.单位和基层组织应急预案

单位和基层组织应急预案由机关、企业、事业单位、社会团体和居委会、村委会等法人和基层组织制定，侧重明确应急响应责任人、风险隐患监测、信息报告、预警响应、应急处置、人员疏散撤离组织和路线、可调用或可请求援助的应急资源情况及如何实施等，体现自救互救、信息报告和先期处置特点。基层组织和单位可根据自身实际，制定包括总体应急预案或综合应急预案、专项应急处置方案在内的应急预案体系。

大型企业集团可根据相关标准规范和实际工作需要，参照国际惯例，建立本集团应急预案体系。

根据《生产安全事故应急预案管理办法》(2016年6月3日国家安全生产监督管理总局令第88号，2019年7月11日应急管理部令第2号《应急管理部关于修改〈生产安全事故应急预案管理办法〉的决定》)和《生产经营单位生产安全事故应急预案编制导则》(GB/T 29639—2020)，企业生产安全事故急预案一般由综合应急预案、专项应急预案和现场处置方案构成，生产经营单位应当根据有关法律、法规、规章和相关标准，结合本单位组织管理体系、生产规模和可能发生的事故特点，与相关预案保持衔接，确立本单位的应急预案体系，编制相应的应急预案，并体现自救互救和先期处置等特点。

四、应急预案在应急管理中的地位和作用

近年来，我国经济社会发展取得举世瞩目的历史性成就，我国安全生产、防灾减灾救灾、抢险救援等各项应急管理事业也取得长足的发展。特别是2018年国务院机构调整，新组建了应急管理部，将应急管理事业推入了新的历史发展阶段。应急管理部主要职责之一就是组织编制国家应急总体预案和规划，指导各地区各部门应对突发事件工作，推动应急预案体系建设和预案演练。可见，应急预案是应急管理事业的一项重要内容。应急管理工作内容概括起来就是“一案三制”。“一案”是指应急预案，“三制”是指应急工作的管理体制、运行机制和法制。应急预案是应急管理体系的重要组成部分，其建立和运行需要应急管理体制、机制和法制的支撑保障，同时也是体制、机制、法制在突发事件应对工作中的综合运用和具体体现。推进“一案三制”建设，扎实做好应急管理工作，具体从以下方面进行。

(1)建立健全和完善应急预案体系。就是要做到“纵向到底，横向到边”。所谓“纵”，就是按垂直管理的要求，从国家到省、市、县、乡镇各级政府和基层单位都要制定应急预案，不可断层；所谓“横”，就是所有种类的突发公共事件都要有部门管，都要制定专项预案和部门预案，不可或缺。相关预案之间要做到互相衔接，逐级细化。预案的层级越低，各项规定就要越明确、越具体，避免出现上下“一般粗”现象，防止照搬照套。

(2)建立健全和完善应急管理体制。主要指形成集中统一、坚强有力的组织指挥机构，发挥我们国家的政治优势和组织优势，形成强大的社会动员体系。建立健全以事发地党委、政府为主，有关部门和相关地区协调配合的领导责任制，建立健全应急处置的专业队伍、专家队伍。必须充分发挥人民解放军、武警和预备役民兵的重要作用。

(3)建立健全和完善应急运行机制。主要是要建立健全监测预警机制、信息报告机制、应急决策和协调机制、分级负责和响应机制、公众的沟通与动员机制、资源的配置与征用机制、奖惩机制和城乡社区管理机制等。

(4)建立健全和完善应急法制。主要是要加强应急管理的法制建设，把整个应急管理工作建设纳入法制化轨道，按照有关的法律法规来建立健全预案，依法行政，依法实施应急处置工作，要把法治精神贯穿于应急管理工作的全过程。

五、应急预案存在的问题

近年来，安全生产应急预案体系建设不断完善，应急预案质量逐步提高，在应急准备、事故处置中发挥了重要作用。但是，一些地区和生产经营单位仍然存在对应急预案重要

性认识不足、应急预案实用性和操作性差以及缺乏培训演练等问题，仍需采取有效的措施加以解决。

1.缺乏对应急预案建设重要性的认识

预案编制是一项专业性和系统性很强的工作，预案编制的好坏直接关系到实施的效果。现在仍然有些单位单纯为了应付监管部门检查而编制应急预案，一旦检查通过后，预案就束之高阁。特别是有些企业对自身生产经营的化学品的理化性质、危害类型、造成事故的原因等缺乏认真的梳理和分析，存在侥幸心理和无所谓心理，觉得编制预案作用也不大。正是因为对编制部门预案或专项预案的重要性缺乏足够的认识，才导致相关部门在遇到突发事件时措手不及，让本来可以预防和有效控制的灾难扩大了。

2.应急预案可操作性差，质量低

在自行制订应急预案时，由于人员素质、技术水平、专业知识等多种因素的限制，应急预案缺乏可行性评估，不能结合本部门具体情况编制应急预案，应急预案缺乏针对性和可操作性。对应急资源需求和应急能力分析不足，预案框架结构不合理，责任和功能不清晰；危险源和危险目标确定不准，对可能发生的事故及其后果的预测与实际不符；有些企业预案未将企业和周边环境进行一体化考虑，没有将事故可能影响的范围、对环境造成的影响程度以及相应的疏散路线和疏散注意事项等纳入应急预案体系中。而且企业预案没有按照要求进行评审备案，不能得到及时完善。起草人员没经过培训，照搬照抄、生搬硬套的也不少，预案的编制质量较低。

3.应急预案缺乏培训和演练

预案编制是基础，预案实施是目的。应急预案实施包括：开展预案宣传、进行预案培训，落实和检查有关部门职责、程序和资源准备，组织预案演练，使应急预案有机地融入安全保障工作之中，真正将应急预案内容要求落到实处。如果预案实施过程中存在问题，将很大程度上制约应急预案所应发挥的作用。安全生产应急预案演练是检验预案是否完善可行的重要环节，是安全生产的一项重要保障措施，也是应急预案管理工作的一项重要内容。一个单位或企业的预案发布实施后，只有通过反复的演练，才能使有关人员熟练掌握生产安全事故正确的处置程序和方法，才能不断修正和完善预案，确保预案作用的正常发挥。而现实中很多企业担心影响生产经营或增加经营成本，在编制预案后大多不能结合当地、企业自身可能发生的事故开展应急演练，不组织或不认真组织预案演练，走过场、搞形式，演练成“演戏”，针对性不强，甚至纸上谈兵，达不到演练的目的。即使有演练的，对演练的主要内容、演练过程存在的问题和缺陷不做详细的记录和总结，未对应急预案实行动态管理。

六、国外应急预案管理的特点

1.应急预案管理体系法制化

管理体系法制化是国外应急预案管理的最大特点。以美国为例，协调庞大应急管理体系的是法制、体制和机制。在法制上，美国安全生产、应急救援相关法律形成了一个完整体系。在体制上，美国实行联邦政府、州和地方的三级反应机制。联邦紧急事务管理局（FEMA）是联邦政府应急管理的核心协调决策机构，隶属于国土安全部，下设有“紧急事务预备与应对办公室”。机制上，联邦紧急事务管理局（FEMA）、商务部、国防部等27个部门及机构在1992年签署了《联邦紧急反应计划》，综合了各联邦机构预防、应对突发紧急事件的措施，通过全国突发事件管理系统，为各州和地方政府应对恐怖袭击、灾难事故和其他突发事件提供指导。

2. 应急预案管理数字化

数字化预案是信息技术在应急管理领域的应用成果，可以有效提高应急预案的科学性、有效性和针对性。近年来，各种信息技术突飞猛进，深刻推动着各种工程应用手段的变革。从国外现状来看，目前较为成功的数字化预案系统已经实现了应急预案流程的自动分析和执行功能，能够根据突发事件后果模拟进行应急处置方案分析，并通过现场视频监控摄像头和三维仿真环境实现事发现场的可视化。应急预案管理数字化的直接结果是应急预案管理高度的智能化和实时化。针对某一典型的突发事件，通过建立完备的应急知识和应急案例数据库，将应急处置常识按照突发事件演化的时间顺序和不同应急阶段的特征进行顺序分条存储。运用智能化技术建立应急处置推理机，分析突发事件发展的某个阶段所应采取的应急处置措施，形成高度智能化的突发事件应急处置专家系统；综合运用GPS、物联网等现代化定位跟踪技术，实现应急预案各种相关资源信息的实时动态跟踪。开发更加精确的突发事件监测和参数提取技术手段，使应用系统中的突发事件模拟更加贴近其真实演化过程。实现数字化预案的高度实时化，确保分析结果的准确性。

3. 应急体制社会共治化

在美国等国家，应急体制实现了社会共治化。美国的应急预案把政府各部门和机构的应急力量与美国红十字会的应急力量组合成紧急事件支援小组(ESF)，提供规划、支援、资源、计划和执行，以及应急事件处理期间可能最需要的应急服务。必要时，政府通过完全或部分启动紧急事件支援职能来应对紧急事件。紧急事件支援小组作为一种协调机制，向各地方政府，或者向担负主要职责的部门和机构提供帮助。如果形势需要，紧急事件支援小组可为全国和地区的应急协调中心及相关结构提供支持。

当其他方面的救援无法进行时，非政府组织应与第一责任人、各级政府以及其他的机构和组织合作，为维持生命、减少身体和心理伤害、促进受灾群众的恢复提供救助服务。

全美国大约有30个得到承认的可在灾难中进行救助活动的全国志愿者组织(NVOAD)，它们对灾难管理和各级政府的应急管理工作提供重要的帮助。

私人部门在全国性紧急事件期间根据地方的公共-私人应急计划、互助协定或政府要求可提供应急资源，其中包括专业队伍、设备和先进技术。在州或地方的紧急事件应对和准备行动中充当政府的积极伙伴，与政府分享信息、确认风险、提供捐助和赠予等。

公民团体和组织是政府强有力的伙伴，为事故管理、预防、准备、应对、恢复和缓解提供援助。美国公民协会将这些团体联合在一起，通过教育、培训和志愿服务来帮助社区变得更安全、更强大，并更有准备地应对恐怖主义威胁、犯罪和公共健康问题。

地方公民协会理事会贯彻执行公民协会的纲领，包括组织社区应急状态应对小组、医疗预备协会、街里护卫、警察服务志愿者等。公民协会接纳纲领通过与其他一些诸如为公共教育、发展、培训提供资源且有志于帮助自己社区变得更安全的志愿者，或者为支援第一责任人、灾难救助活动和社区安全努力提供志愿服务机会之类的计划和组织合作，扩大了地方社区可利用的资源和物资。其他不属于公民协会的计划也为组织起来的公民提供了参与支援联邦政府应对全国性大灾难的机会。如全美动物卫生紧急应对协会(NAHERC)，在某种外国动物疾病大规模爆发时，通过启用州和私人的动物卫生技术员及兽医预备人员，与威胁美国牲畜和家禽的疾病展开斗争，以保护公众的健康。

总而言之，应急体制社会共治化能够大幅提高应急响应能力，这对我国的应急管理具有重要的借鉴意义。

七、对我国应急预案管理的启示

1.预案编制与管理法制化

英国、美国和日本在有关应急管理的法律规定中均明确了应急预案的制订程序。以英国为例，应急预案的制订程序一般包括5个步骤：危险描述、确定目的、确定任务与应对措施、搭建组织机构、确定各项义务。在每一个步骤，应急预案的制定者对应当做什么有详细的要求。尤其需要指出的是，这些国家均重视危机风险评估程序，并将其作为制订应急预案的首要步骤。基于法律进行应急管理是发达国家的成功经验，其应急预案管理的所有权限都由法律赋予。美国在重大事故应急方面已经形成了以联邦法、联邦条例、行政命令、规程和标准为主体的完备的法律法规体系。日本是世界上较早制定有关灾害应急救援管理法律法规的国家，目前有防灾减灾法律50多部。总的来说，发达国家都有一套完善的应急预案管理法律体系。面对日益紧迫的安全生产需求，我国更应该清醒地认识到大力推进应急预案管理法制化进程的重要性和紧迫性，加快部署应急预案管理体系和机构，提高应急管理能力和水平。

2.重视预案内容与逻辑

美国、日本两国的应急预案内容丰富详细，篇幅较长，具有很强的可操作性。应急预案内容一般包括以下5个关键部分：对预案的目的、制订过程等内容的简单描述；应急管理机构、应急队伍、应急活动中的有关组织及其义务，这些机构及其主要工作人员的联系方式；应急响应活动，包括预案的启动、应急救援活动的开展等；灾后恢复与重建；预案的修订与演练。美国国家应急预案适用于国内大部分灾害和紧急事件，美国联邦应急管理局和其他管理部门制定了各种有关政府应急预案和企业应急预案编制的指导性文件，如《综合应急预案编制指南》《商业及工业应急管理指南》《危险化学品事故应急预案编制指南》，也可以作为企业应急预案评审的依据。日本除了有各基层政府制定的完善的地区防灾计划外，针对特定重大灾害还制定出一套决策流程图，从平时的防范、预测、反应，到灾害出现时的紧急应对措施等阶段，各层级政府应采取的决策程序都有详细的规划，如救灾时可动员的专家人数、机具数量、食品种类数量、避难场所数量、收容人数等。因此，一旦发生重大灾害，地方政府便可依据防灾计划规定的要求进行救灾工作。我国各地在加快生产安全事故应急预案体系的建设，生产安全事故应急预案体系总体上处于查漏补缺阶段，在预案的制订上存在一些不可忽视的问题。例如应急能力需求分析不足，预案框架结构不合理，责任和功能不清晰等，这样的预案很难有效指导当地的应急救援和应急演练工作。因此，应该重视预案的内容和逻辑，以更好地指导应急管理事务。

3.重视应急活动组织机构

应急活动组织机构是应急活动的主体与灵魂。美国非常重视应急组织机构。应急组织机构往往包括现有机构体系中的管理机构和应急管理小组。预案中会非常明确且详细地写明各类组织机构在应急活动中的地位及义务。此外，预案中会以附注的形式详细地列举应急机构主要工作人员及其详细联系方式。例如，美国《全国应急响应计划》要求预案明确应急管理中联邦政府、各州政府、地方政府、部落、非政府组织、私人部门以及市民的角色与义务。

我国在事故应急处置过程中，参照日常行政管理模式，形成分层、树状指挥体系，并按事件后果分级标准实施相应级别的行政干预。因此，我国的应急预案管理应该重视应急活动组织机构，做到应急和联动相互统一。

4. 重视合作与协调

合作主要是指各部门、各应急主体之间的合作，以及政府与私人部门、非政府组织之间的合作。合作既体现在应急预案的制订过程中，也体现在应急预案的启动、应急响应活动、灾后恢复重建等各阶段。

区域突发事故的特点说明对其处置既要应急又要联动。我国目前对突发事件的处理在横向上是分散管理，由上级集中统一指挥，下级予以配合，看起来有很多部门在负责，实际上缺乏一个统一的、强有力的综合协调机构。所以，各部门之间的合作与协调仍存在一些问题：各部门之间垂直应急体系较为完备，横向之间的职责关系却不十分明确，出现交叉和管理脱节现象，特别是在处理跨行政辖区的区域性事故时，更难于促进行政区划之间形成强有力的应急救援组织网络体系，无法做到协调统一。因此，重视合作和协调是今后区域性应急预案管理体系建设的努力方向。

5. 重视应急预案演练和修订

应急预案的生命力来源于应急演练，应急演练可以加强预案的可操作性，达到锻炼队伍、磨合机制的目的。应急培训也是应急预案中不可或缺的内容之一，即使编制得最完美的应急预案，也不能立即提高个人、企业、政府主管部门的事故应急能力。如果应急处置人员不能充分理解每项职责和步骤，在事故实际发生时还是会出现严重的问题。应急演练计划作为检验预案科学性的最佳方式，不仅可以保证应急处置人员对预案的充分理解，而且是预案修正和完善的重要依据。应急预案演练计划应明确演练的频次、范围、内容和组织准备等规定，以及演练效果的评价标准。

英、美两国的应急预案中均有关于应急预案的修订条款。这些国家均把应急预案看作是活的文件，认为机构重组、新的风险评估资料、新法的通过、演练的经验以及灾难的发生均可能导致应急预案的修订。法律一般要求应急预案的制定者定期或不定期地进行预案检查。因此，我国也应当做到应急预案修订的常态化、应急预案年度复查的正规化，以保证应急预案的连续性、有效性和时效性。

【任务小结】

本单元任务主要学习生产安全事故应急预案的概念、特点、分类、重要性以及国内外应急预案管理现状等。学生通过该任务的学习，需掌握应急预案的基础知识，了解我国生产安全事故应急预案管理的现状，认识到目前存在的不足和努力方向。

【思考讨论】

（1）什么是应急预案？

（2）应急预案有何特点？

（3）应急预案如何分类？

（4）应急预案在应急管理中的地位和作用如何？

（5）我国应急预案管理存在哪些问题？

【学习评价】

任务学习效果评价表见表1-1。

表1-1 任务学习效果评价表

技能要点	评价关键点	分值	自我评价（20%）	小组互评（30%）	教师评价（50%）
应急预案的概念和特点	熟悉应急预案的概念及特点	20			
应急预案的分类	能正确进行应急预案分类	30			
应急预案在应急管理中的作用和地位	熟悉应急预案在应急管理工作中的重要性	10			
国外应急预案管理的特点	熟悉国外应急预案管理的特点	20			
我国应急预案管理存在的问题	熟悉我国应急预案管理存在的不足	20			
总得分		100			

任务二　应急预案管理法律基础

【任务实施】

应急管理是国家治理体系和治理能力的重要组成部分。加强应急管理体系和能力建设，必须抓好法制建设，建立健全和完善应急法制，把整个应急管理工作建设纳入法制化的轨道，要把法治精神贯穿于应急管理工作的全过程。面对日益紧迫的安全生产需求，人们更应该清醒地认识到大力推进应急预案管理法制化进程的重要性和紧迫性，加快部署应急预案管理体系和机构，按照有关的法律法规来加强应急预案管理，健全应急预案体系；要依法管理，系统梳理和修订应急管理相关法律法规，加强安全生产监管执法工作，运用法治思维和法治方式提高应急管理的法治化、规范化水平。

一、我国应急管理法律体系建设

我国应急管理在新的机构框架下，建立与之相适应的法律法规体系，对提高我国应急管理的能力和水平，保障公共安全，遏制重特大安全事故，提升防灾减灾救灾能力具有十分重大的现实意义。法制建设为我国应急管理工作提供根本的法律保障。

我国应急管理法律体系建设工作有两个重要的历史节点。

第一个重要节点是2003年抗击“非典”。2003年以前，我国的应急管理法律体系呈现分散化。其中，2003年5月12日正式颁布《突发公共卫生事件应急条例》，标志着我国公共卫生应急处理工作进入法制化轨道；2003年之后，我国的应急管理体系已经与现代法治、现代管理理念接轨，进而开始构建我国独有的应急管理体系。同时在这一过程中，逐步建立和完善了我国应急管理的法律体系框架。这个框架的建成以《中华人民共和国突发事件应对法》（以下简称《突发事件应对法》）出台为标志，这是我国第一部应对各类突发事件的综合性法律，标志着我国确立了规范各类突发事件应对的基本法律制度，我国的突发事件应对工作进一步走上法制化轨道。

第二个重要节点是2008年应对“5·12”汶川特大地震、抗击南方雨雪冰冻灾害。从那时起，我国开始更加重视应急管理法制体系的构建，一些应急管理相关的法律法规中的部分条款、有关国际公约和协定、突发事件应急预案有力地补充了我国应急管理法律法规体系。各地方人民政府据此颁布了适用于本行政区域的地方性法规、规章和文件，逐步形成了一个以《突发事件应对法》为核心的应急管理法律体系。

近年来，应急管理相关的法律法规不断完善，整个应急管理法律体系以《中华人民共和国宪法》（含紧急状态的法律法规）为依据，以《突发事件应对法》为核心，以相关单项法律法规为配套（如《中华人民共和国防洪法》《中华人民共和国消防法》《中华人民共和国安全生产法》《中华人民共和国传染病防治法》等），应急管理工作逐步走上了规范化、法制化的轨道。

特别是2018年应急管理部成立以来，全面建设应急管理法律制度体系，加快应急管理法律法规修订工作，推进应急预案和标准体系建设，改进安全生产监管执法，让应急管理法制建设迈上新台阶。

目前，我国应急方面的法律约27部，包括综合性法律、专项法律和相关法律。《突发事件应对法》是应急管理的综合性法律。《突发事件应对法》共7章70条，主要规定了突发事件应急管理体制，突发事件的预防与应急准备、监测与预警、应急处置与救援、事后恢复与重建等方面的基本制度，并与宪法规定的紧急状态制度和有关突发事件应急管理的其他法律衔接。专项性法律约22部，涉及安全生产、消防火灾、地震、防汛抗旱和其他相关行业领域，包括《中华人民共和国安全生产法》《中华人民共和国消防法》《中华人民共和国防震减灾法》《中华人民共和国防洪法》等。相关性法律包括《中华人民共和国劳动法》《中华人民共和国工会法》《中华人民共和国刑法》《中华人民共和国红十字会法》等。

应急管理法规体系行政法规指由国务院制定颁布，为执行法律和实施行政管理职权的具体规定。应急管理领域行政法规约56部。行政法规主要包含综合性法规和专项性法规。综合性法规主要有《突发公共卫生事件应急条例》等。专项性法规约54部，主要涉及安全生产、消防火灾、地质地震、防汛抗旱、救灾减灾及其他相关领域，这类法规主要有《安全生产许可证条例》《矿山安全法实施条例》《草原防火条例》《地质灾害防治条例》等。

二、应急预案相关法律法规及文件规定

《突发事件应对法》（主席令第六十九号）在第十七条中明确，国家建立健全突发事件应急预案体系。国务院制定国家突发事件总体应急预案，组织制定国家突发事件专项应急预案；国务院有关部门根据各自的职责和国务院相关应急预案，制定国家突发事件部门应急预案。地方各级人民政府和县级以上地方各级人民政府有关部门根据有关法律、法规、规章、上级人民政府及其有关部门的应急预案以及本地区的实际情况，制定相应的突发事件应急预案。应急预案制定机关应当根据实际需要和情势变化，适时修订应急预案。应急预案的制定、修订程序由国务院规定。《中华人民共和国安全生产法》《中华人民共和国消防法》《中华人民共和国防震减灾法》和《生产安全事故应急条例》《自然灾害救助条例》《危险化学品安全管理条例》《烟花爆竹安全管理条例》《破坏性地震应急条例》《国务院关于特大安全事故行政责任追究的规定》《国务院关于预防煤矿生产安全事故的特别规定》等法律法规也对应急预案提出了明确要求。

为贯彻实施《突发事件应对法》、深入推进应急预案体系建设，国务院办公厅于2013年10月25日印发了《突发事件应急预案管理办法》（国办发〔2013〕101号），明确了应急预案的概念和管理原则，规范了应急预案的分类、内容以及编制程序，建立了应急预案的持续改进机制，强化了应急预案管理的组织保障。

为贯彻落实十三届全国人大一次会议批准的《国务院机构改革方案》和《生产安全事故应急条例》对重点生产经营单位应急预案的备案、演练等方面的新要求，应急管理部组建后，即对《生产安全事故应急预案管理办法》（原国家安全监管总局令第88号）再次修订，并于2019年7月公布了《应急管理部关于修改〈生产安全事故应急预案管理办法〉的决定》（应急管理部令第2号），自2019年9月1日起施行。新《生产安全事故应急预案管理办法》共分为7章49条，内容涵盖生产安全事故应急预案的编制、评审、公布、备案、实施及监督管理等方面。强化了生产经营单位主要负责人的职责，强调了真实实用，突出应急预案的基础保障作用。《生产安全事故应急预案管理办法》属于应急管理部部门规章，规章依据法律、行政法规制

定,并与之保持一致,它是对法律、行政法规的相关内容的细化,使其具有可操作性。

为了便于《生产安全事故应急预案管理办法》中的相关规定实施落地,应急管理部门配套发布了多项标准,作为生产经营单位应急预案编制和管理工作的依据。如《生产经营单位生产安全事故应急预案编制导则》(GB/T 29639—2020)规定了生产经营单位生产安全事故应急预案的编制程序、体系构成和综合应急预案专项应急预案、现场处置方案的主要内容以及附件信息,为生产经营单位生产安全事故应急预案的编制提供了参照标准。《生产安全事故应急演练基本规范》(AQ/T 9007—2019)规定了生产安全事故应急演练(以下简称"应急演练")的计划、准备、实施、评估总结和持续改进规范性要求,适用于针对生产安全事故所开展的应急演练活动。《生产经营单位生产安全事故应急预案评估指南》(AQ/T 9011—2019)给出了生产经营单位生产安全事故应急预案评估的基本要求、工作程序与评估内容。《生产安全事故应急演练评估规范》(AQ/T 9009—2015)规定了生产安全事故应急演练评估的目的、内容、方法与工作程序。

三、应急预案相关法律责任

《中华人民共和国安全生产法》《生产安全事故应急条例》等法律法规对应急预案管理工作提出了明确要求,同时也规定了具体的法律责任。《生产安全事故应急预案管理办法》与之保持一致,并对法律、行政法规的相关内容进行了细化。因此,生产经营单位应急预案相关法律责任在其中得到了集中体现。《生产安全事故应急预案管理办法》第四十四条和第四十五条规定了生产经营单位违反应急预案管理相关规定的情形,明确了相应的法律责任,并加大了对未按规定备案的处罚力度,对责任人增加处罚要求,与《生产安全事故应急条例》相匹配。

《生产安全事故应急预案管理办法》第四十四条规定,生产经营单位有下列情形之一的,由县级以上人民政府应急管理等部门依照《中华人民共和国安全生产法》第九十四条的规定,责令限期改正,可以处5万元以下罚款;逾期未改正的,责令停产停业整顿,并处5万元以上10万元以下的罚款,对直接负责的主管人员和其他直接责任人员处1万元以上2万元以下的罚款:

(1)未按照规定编制应急预案的。

(2)未按照规定定期组织应急预案演练的。

《生产安全事故应急预案管理办法》第四十五条规定,生产经营单位有下列情形之一的,由县级以上人民政府应急管理部门责令限期改正,可以处1万元以上3万元以下的罚款:

(1)在应急预案编制前未按照规定开展风险辨识、评估和应急资源调查的。

(2)未按照规定开展应急预案评审的。

(3)事故风险可能影响周边单位、人员的,未将事故风险的性质、影响范围和应急防范措施告知周边单位和人员的。

(4)未按照规定开展应急预案评估的。

(5)未按照规定进行应急预案修订的。

(6)未落实应急预案规定的应急物资及装备的。

生产经营单位未按照规定进行应急预案备案的,由县级以上人民政府应急管理等部门依照职责责令限期改正;逾期未改正的,处3万元以上5万元以下的罚款,对直接负责的主管人员和其他直接责任人员处1万元以上2万元以下的罚款。

【任务小结】

本单元主要学习我国应急管理法律体系建设和应急预案的法律依据。学生通过该任务的学习，能够掌握应急预案相关的法律、法规、规章和标准，并熟悉相关法律责任。

【思考讨论】

（1）我国应急管理发展经过了哪几个节点？

（2）我国应急管理相关的法律法规主要有哪些？

（3）生产安全事故应急预案相关的法律、法规、规章、标准主要有哪些？

（4）未按照规定编制应急预案和未按照规定进行应急预案备案的生产经营单位应负何种法律责任？

【学习评价】

任务学习效果评价表见表1-2。

表1-2　任务学习效果评价表

技能要点	评价关键点	分值	自我评价（20%）	小组互评（30%）	教师评价（50%）
应急管理发展过程	熟悉应急管理发展过程中的重要节点	10			
应急管理相关的法律法规	熟悉应急管理相关的法律法规名称	20			
应急预案相关法律、法规、规章、标准	熟悉应急预案相关的法律、法规、规章、标准的名称和内容要点	40			
应急预案相关法律责任	熟练掌握应急预案相关法律责任	30			
总得分		100			

项目二　应急预案编制程序及格式要求

【项目描述】

应急预案编制是一项系统工程，是对企业安全生产管理水平的一项综合考核，涉及企业各个工作部门、各个工作环节和生产工艺，应成立相应的组织机构，在充分调研和分析评估工作基础上完成。《生产安全事故应急预案管理办法》以及《生产安全事故应急预案编制导则》(GB/T 29639—2020)对生产经营单位应急预案编制步骤及格式进行了规范。

本项目主要学习生产安全事故应急预案编制程序、预案编制格式要求等内容。重点培养学生对应急预案编制过程的组织管理能力以及使预案编制标准化、规范化的能力。

【学习目标】

知识目标：

(1)熟悉生产安全事故应急预案编制程序。

(2)掌握生产安全事故应急预案格式要求。

技能目标：

(1)具备应急预案编制工作的组织能力。

(2)具备应急预案编制工作的过程管理能力。

(3)具备使预案编制标准化、规范化的能力。

素养目标：

(1)养成严谨的工作态度。

(2)具有良好的文字编辑能力。

(3)具备专业、敬业的工作精神。

任务一　应急预案编制程序

【任务实施】

生产经营单位应急预案编制程序包括成立应急预案编制工作组、资料收集、风险评估、应急资源调查、应急预案编制、桌面推演、应急预案评审和批准实施8个步骤。以下是各个步骤的主要工作内容。

一、成立应急预案编制工作组

结合本单位职能和分工，成立以单位有关负责人为组长，单位相关部门人员（如生产、技术、设备、安全、行政、人事、财务人员）参加的应急预案编制工作组，明确工作职责和任务分工，制订工作计划，组织开展应急预案编制工作。预案编制工作组应邀请相关救援队伍以及周边相关企业、单位或社区代表参加。

二、资料收集

应急预案编制工作组应收集下列相关资料：

（1）适用的法律法规、部门规章、地方性法规和政府规章、技术标准及规范性文件。

（2）企业周边地质、地形、环境情况及气象、水文、交通资料。

（3）企业现场功能区划分、建（构）筑物平面布置及安全距离资料。

（4）企业工艺流程、工艺参数、作业条件、设备装置及风险评估资料。

（5）本企业历史事故与隐患、国内外同行业事故资料。

（6）属地政府及周边企业、单位应急预案。

三、风险评估

开展生产安全事故风险评估，撰写评估报告，其内容包括但不限于：

（1）辨识生产经营单位存在的危险有害因素，确定可能发生的生产安全事故类别。

（2）分析各种事故类别发生的可能性、危害后果和影响范围。

（3）评估确定相应事故类别的风险等级。

四、应急资源调查

全面调查和客观分析本单位以及周边单位和政府部门可请求援助的应急资源状况，撰写评估报告，其内容包括但不限于：

（1）本单位可调用的应急队伍，装备物资场所。

（2）针对生产过程及存在的风险可采取的监测、监控、报警手段。

(3)上级单位,当地政府及周边企业可提供的应急资源。

(4)可协调使用的医疗、消防专业抢险救援机构及其他社会化应急救援力量。

五、应急预案编制

应急预案编制应当遵循以人为本、依法依规、符合实际、注重实效的原则,以应急处置为核心,体现自救互救和先期处置的特点,做到职责明确、程序规范、措施科学,尽可能简明化、图表化、流程化。

应急预案编制工作包括但不限于:

(1)依据事故风险评估及应急资源调查结果,结合本单位组织管理体系、生产规模及处置特点,合理确立本单位应急预案体系。

(2)结合组织管理体系及部门业务职能划分,科学设定本单位应急组织机构及职责分工。

(3)依据事故可能的危害程度和区域范围,结合应急处置权限及能力,清晰界定本单位的响应分级标准,制定相应层级的应急处置措施。

(4)按照有关规定和要求,确定事故信息报告、响应分级与启动、指挥权移交、警戒疏散方面的内容,落实与相关部门和单位应急预案的衔接。

六、桌面推演

按照应急预案明确的职责分工和应急响应程序,结合有关经验教训,相关部门及其人员可采取桌面演练的形式,模拟生产安全事故应对过程,逐步分析讨论并形成记录,检验应急预案的可行性,并进一步完善应急预案。

在桌面演练过程中,演练执行人员按照应急预案或应急演练方案发出信息指令后,参演单位和人员依据接收到的信息,回答问题或模拟推演的形式,完成应急处置活动。通常按照四个环节循环往复进行:

(1)注入信息。执行人员通过多媒体文件、沙盘、消息单等多种形式向参演单位和人员展示应急演练场景,展现生产安全事故发生发展情况。

(2)提出问题。在每个演练场景中,由执行人员在场景展现完毕后根据应急演练方案提出一个或多个问题,或者在场景展现过程中自动呈现应急处置任务,供应急演练参与人员根据各自角色和职责分工展开讨论。

(3)分析决策。根据执行人员提出的问题或所展现的应急决策处置任务及场景信息,参演单位和人员分组开展思考讨论,形成处置决策意见。

(4)表达结果。在组内讨论结束后,各组代表按要求提交或口头阐述本组的分析决策结果,或者通过模拟操作与动作展示应急处置活动。各组决策结果表达结束后,导调人员可对演练情况进行简要讲解,接着注入新的信息。

七、应急预案评审

应急预案编制完成后,生产经营单位应组织评审或论证。应急预案评审内容主要包括风险评估和应急资源调查的全面性、应急预案体系设计的针对性、应急组织体系的合理性、应急响应程序和措施的科学性、应急保障措施的可行性、应急预案的衔接性等方面。应急预案评审程序包括以下步骤:

（1）评审准备。成立应急预案评审工作组，落实参加评审的单位或人员，将应急预案、编制说明、风险评估及应急资源调查报告其他有关资料在评审前送达参加评审的单位或人员。

（2）组织评审。评审采取会议审查形式，企业主要负责人参加会议，会议由参加评审的专家共同推选出的组长主持，按照议程组织评审；表决时，应有不少于出席会议专家人数的三分之二同意方为通过；评审会议应形成评审意见（经评审组组长签字），附参加评审会议的专家签字表。表决的投票情况应以书面材料记录在案，并作为评审意见的附件。

（3）修改完善。生产经营单位应认真分析研究，按照评审意见对应急预案进行修订和完善。评审表决未通过的，生产经营单位应修改完善后按评审程序重新组织专家评审，生产经营单位应写出根据专家评审意见的修改情况说明，并经专家组组长签字确认。

八、批准实施

通过评审的应急预案，由生产经营单位主要负责人签发实施。

【任务小结】

本单元任务主要学习生产安全事故应急预案编制程序。学生通过该任务的学习，需掌握生产安全事故应急预案的编制程序和各步骤的工作内容，应具备基本的应急预案编制过程的组织管理能力。

【思考讨论】

（1）生产安全事故应急预案编制程序包括哪几个步骤？

（2）成立应急预案编制工作组有哪些要求？

（3）生产安全事故应急预案的编制应符合哪些要求？

（4）简述桌面演练的执行过程。

（5）应急预案的评审程序包括哪些步骤？

【学习评价】

任务学习效果评价表见表2-1。

表2-1　任务学习效果评价表

技能要点	评价关键点	分值	自我评价（20%）	小组互评（30%）	教师评价（50%）
应急预案编制程序	熟悉应急预案编制程序	20			
编制步骤的工作内容	熟悉各步骤工作内容要点	40			
综合运用	能拟订预案编制工作实施方案	40			
总得分		100			

任务二　应急预案编制格式和要求

【任务实施】

应急预案编制除了应注重其内容上的准确性之外，还应特别强调其在格式上的标准化、规范化。唯有如此，才能更有效地增强它的准确性和有效性，提高工作效率和工作质量，加速应急预案信息化管理，更高效地实现它的应用价值。应急预案格式应符合《生产经营单位生产安全事故应急预案编制导则》(GB/T 29639—2020)的规定。通常完整的企业应急预案由封面、批准页、目次、正文、附件等部分构成。

一、封面

应急预案封面主要包括应急预案编号、应急预案版本号、生产经营单位名称、应急预案名称及颁布日期。应急预案封面反映的内容应准确无误。常见封面格式如图2-1所示。

重庆市××有限公司
生产安全事故综合应急预案

预案编号：JQLK-2020-02

预案版本：2020-02

发布日期：2020年3月1日

编制单位：重庆市××有限公司

图2-1　应急预案封面格式

二、批准页

应急预案应经生产经营单位主要负责人批准方可发布。批准页相关要求如下：

(1)有批准页(仅适用于备案评审)。

(2)批准页对应急预案的发布及实施提出具体要求。

(3)批准页经过预案发布单位主要负责人签批或经发布单位签章。

(4)应急预案签发日期(年、月、日)与预案封面的颁布日期一致。

常见批准页格式如图2-2所示。

批准页

为提高××有限公司生产安全事故处理能力，依据国家《生产经营单位生产安全事故应急预案编制导则》和《××集团有限公司生产安全事故应急管理办法》，××公司在风险评估和应急资源调查的基础上，对原《××有限公司重大生产安全事故应急预案》进行了修订，形成了《××有限公司生产安全事故应急预案》。

《××有限公司生产安全事故应急预案》经公司应急委员会会议审议通过，现正式发布。

总经理（签字）：

年　　月　　日

图2-2　应急预案批准页格式

三、目次

应急预案应设置目次，目次中所列的内容及次序如下：

(1)批准页。

(2)应急预案执行部门签署页。

(3)章的编号、标题。

(4)带有标题的条的编号、标题(需要时列出)。

(5)附件，用序号表明其顺序。

应急预案目录的一般要求如下：

(1)有目录(预案简单时可省略)。

(2)目录结构完整，包含批准页、章的编号和标题、条的编号和标题、附件等内容。

(3)目录层次清晰、合理。

(4)目录的页码与实际内容页码对应。

按照《生产经营单位生产安全事故应急预案编制导则》(GB/T 29639—2020)的要求，典型综合应急预案目录如图2-3所示。

目　录

1　总则……1
1.1　适用范围……1
1.2　响应分级……1
2　应急组织机构及职责……2
3　应急响应……4
3.1　信息报告……4
3.2　预警……4
3.3　响应启动……5
3.4　应急处置……5
3.5　应急支援……9
3.6　响应终止……9
4　后期处置……10
5　应急保障……11
5.1　通信与信息保障……11
5.2　应急队伍保障……12
5.3　物资装备保障……12
5.4　其他保障……12
6　附件……13
附件1　应急物资分布及应急疏散路线示意图……13
附件2　生产安全事故风险评估报告……14
附件3　生产安全事故应急资源调查报告……20

图2-3　综合应急预案目录格式

四、正文

应急预案正文应符合《生产经营单位生产安全事故应急预案编制导则》(GB/T 29639—2020)要求，预案文本的层次结构、内容格式、语言文字要求简洁明了，规范性强，可读性高，便于阅读和理解。具体要求如下：

(1)文字通顺、语言精练、通俗易懂。

(2)正文段落结构清晰，层次明显，可快速、方便地查找有关内容。

(3)正文中的图表、文字清楚，编排合理(名称、顺序、大小等)。

(4)正文无错别字，同类文字的字体、字号相互统一。

(5)文字通常从左至右横排，特殊除外。

(6)正文文字通常采用宋体或仿宋，不采用特殊的艺术字体。

五、附件

附件是正文的说明、补充或者参考资料。主要包括以下内容：

1.生产经营单位概况

简要描述本单位地址、从业人数、隶属关系、主要原材料、主要产品、产量，以及重点岗位、重点区域、周边重大危险源、重要设施、目标、场所和周边布局情况。

【示例】某公司综合应急预案附件中生产经营单位概况

附件1：企业概况

××水泥有限公司(以下简称“公司”)成立于2003年4月，是由国务院国资委直属的中国建材集团有限公司旗下的中材水泥有限责任公司控股，与三位自然人股东共同出资组建的以水泥、商品熟料和商品混凝土为主要经营范围的大型现代化水泥企业。

公司位于广东省云浮市云安区六都镇白沙塘工业区，拥有一条日产5 000 t水泥熟料的生产线，设计能力年产熟料155万t、水泥200万t。熟料煅烧采用管道式分解炉的窑外分解技术，生料制备采用丹麦史密斯ATOX50立式辊磨，水泥粉磨采用辊压机加管磨的联合粉磨系统。

公司拥有生产规模为150万t/年的云天石灰岩石场，位于云浮市云安区六都镇大庆村委竹山村，主要为公司供应水泥生产用石灰石。石场现有从业人员38人。矿区设有露天采场、破碎站、柴油储罐(20 t)、办公服务区等必要的生产服务设施。矿山采用露天台阶式开采，汽车运输方式，中深孔爆破，主要生产工艺分为穿孔、爆破、采装、破碎和运输五大工序。主要生产设备有潜孔钻机、液压挖掘机、装载机、15 t自卸汽车等。石场不设排土场、炸药库，爆破工程由云浮市中矿爆破工程有限公司承包施工。

矿区远离学校、供电线路、铁路线，周围300 m范围内无重要建筑物、水源地、风景区、自然保护区、水库等，辖区内无保护级别的自然风景和文物。距离石场最近的村庄是西面约200 m的石角村，其次是东面300 m的竹山村。公司码头位于云安区六都镇西江下游约3 km的西江右岸。码头平行于堤岸布置，船舶停靠比较方便。目前码头岸线全长约300 m，码头面高程18 m。1—2号泊位采用起重机装卸货物，3—5号码头采用皮带输送机装货。1号、2号泊位间隔45 m，2号、3号泊位间隔48 m，3号、4号泊位间隔51 m，4号、5号泊位间隔61 m。主要装卸熟料、水泥、原煤等物料。

公司的重点岗位有石灰岩采掘、石破巡检、窑头巡检、窑尾巡检、余热电站巡检、煤磨巡检、中控操作员、原料立磨巡检、水泥磨巡检、电气维修、码头装运等。

公司的重点区域有:石灰岩石场、氨水储罐区、煤粉制备系统、主变压器站、中央控制室等。

公司厂区后门出口处加油站、天然气加气站为重大危险源。

2.风险评估的结果

简述本单位风险评估结果。

【示例】某公司综合应急预案附件中风险评估结果

附件2:生产安全事故风险评估结论

在进行本预案编制之前,公司依据生产线的工艺特点及同类型行业事故统计分析资料,参照《国家安全监管总局关于印发开展工贸行业较大危险因素辨识管控提升事故防范能力行动计划的通知》(安监总管四〔2016〕31号)附件《建材-水泥行业较大危险因素辨识与防范指导手册》等相关法律法规、规范标准的要求,坚持系统性、全面性原则,对从原燃材料进厂到水泥发运各生产过程中可能发生的主要事故风险,运用作业条件危险性评价法(LEC法)进行评估,得出如下结论。

公司无重大危险源。公司生产过程中存在的事故风险,分布于石灰岩石场、石灰石破碎及输送、原料预均化、生料制备、熟料煅烧、水泥粉磨、水泥发运、码头、员工食堂各个系统之中。其中一级、二级风险(一般风险、用蓝色表示)45个,三级风险(中度风险、用黄色表示)34个,四级风险(高度风险、用橙色表示)5个。公司的高度风险及区域为煤磨系统火灾爆炸、进入煤磨内作业可能造成的中毒和窒息、筒形库清库坍塌和筒形库清库作业可能造成的中毒和窒息、氨水泄漏、余热锅炉爆炸、预热器清堵灼烫、矿山放炮事故和边坡滑坡坍塌。

公司可能发生的事故类别有:物体打击、车辆伤害、机械伤害、起重伤害、触电、淹溺、灼烫、火灾、高处坠落、坍塌、放炮、锅炉爆炸、容器爆炸、其他爆炸(煤粉爆炸)、中毒和窒息、其他伤害,均可能导致人员轻伤、重伤、甚至死亡。公司存在粉尘危害、噪声危害、电离辐射和高温危害,由于广东高温天气时间较长,所以高温危害比较突出。综上所述,公司生产过程中存在的风险点多,中高度风险点39个,可能发生的事故类型面广——包括中暑共17类。不同等级的风险均应纳入职业健康安全生产管理体系进行控制。一、二级风险由岗位和班组控制;对三、四级风险则应制订预案。换言之,应急预案应涵盖表2-2所示的三级和四级风险。

表2-2 事故类型及风险等级

序号	事故情景分析	事故类型	风险等级
(一)原材料堆场及堆取料系统			
1	人员易接近的堆取料设备	机械伤害	三级
(二)石灰石破碎和泥岩破碎系统			
2	石灰石破碎机、泥岩破碎机运转过程中进行清理物料作业	物体打击 机械伤害	三级
3	开口的料斗及料槽开口位置防护缺陷	高处坠落	三级

续表

序号	事故情景分析	事故类型	风险等级
(三)原料粉磨系统			
4	磨机等设备机旁控制装置或开机声光信号装置缺陷	机械伤害	三级
5	γ射线仪放射源泄漏	电离辐射危害	三级
6	进入磨机检修作业未配备一氧化碳、氧气浓度检测设备或未进行通风换气	中毒和窒息	三级
(四)煤粉制备系统			
7	系统防爆阀缺陷	其他爆炸	四级
8	热风阀缺陷；煤磨进出口温度、一氧化碳监测装置缺陷	火灾 其他爆炸	四级
9	煤粉制备系统所有设备和管道接地或静电跨接设施缺陷	火灾 其他爆炸	三级
10	煤磨系统收尘器防爆、防燃、防雷、防静电及防结露措施缺陷，或温度、一氧化碳监测及二氧化碳气体灭火装置缺陷	火灾 其他爆炸	三级
11	煤粉仓等系统设备和管道封闭不严，煤粉泄漏或温度、一氧化碳监测及二氧化碳气体灭火装置缺陷	火灾 其他爆炸	三级
12	操作人员不熟悉系统工艺、参数特点和安全要求，不能及时准确判断系统可能发生煤粉自燃及火灾信号	火灾 其他爆炸	三级
13	进入磨内检查未佩戴气体分析仪	中毒和窒息	四级
(五)熟料煅烧系统			
14	临时点火柴油罐，非点火期间存油，或罐体未有效接地	火灾	三级
15	结皮清理过程中违章作业	灼烫 物体打击	三级
16	清堵作业平台未设置逃生通道	灼烫 高处坠落	三级
17	清堵作业时高压水枪误操作或泄漏	物体打击 灼烫	三级
18	运行过程中预热器塌料	灼烫 火灾	三级
19	清理篦冷机积料、大块时违章作业	物体打击 灼烫 机械伤害 高处坠落	三级
20	篦冷机地坑作业时窑系统出现塌料	灼烫	三级

续表

序号	事故情景分析	事故类型	风险等级
(六)水泥制成及发运系统			
21	纸袋库消火栓和灭火器缺陷	火灾	三级
(七)筒形储存库			
22	清库作业	中毒和窒息	四级
		高处坠落	三级
		坍塌	四级
23	易发生人员跌落的料斗进料口，无防止人员跌落的篦子板或篦子板磨损严重，孔洞太大；库顶入孔门不牢固或未锁紧；车间内的孔洞防护栏或盖板缺陷	高处坠落	三级
(八)余热发电系统			
24	余热发电锅炉监控不及时、操作不当	锅炉爆炸 灼烫	三级
25	安全阀、水位表、压力表、报警和联锁保护装置等有损坏	锅炉爆炸	三级
26	锅炉干锅上水	锅炉爆炸	三级
(九)化验室			
27	盐酸、硫酸、硝酸、磷酸等强酸使用不当或操作不规范	灼烫 中毒和窒息	三级
(十)石灰岩石场			
28	台阶参数设置不合理；排水系统不完善造成暴雨冲刷采场边坡；爆破震动过大；边坡坡向与地质结构弱面同向构成顺层不稳边坡；采装作业过程中存在违章掏采	坍塌滑坡	三级
29	爆破参数设计不合理，抵抗线过小或单孔药量过大；操作不当；炮孔充填过浅；爆破警戒不到位；雷击导致早爆；盲炮处理不当	放炮	三级
30	管理不善，生活用火不当、在柴油罐附近吸烟等；用电设备线路敷设不符合规范等	火灾	三级
(十一)码头			
31	不慎落水	淹溺	三级
(十二)其他			
32	设备检修未按停电挂牌锁定规程执行	机械伤害 触电 物体打击	三级
33	设备出现漏电、人员误操作、电气设备缺陷或故障	触电	三级

续表

序号	事故情景分析	事故类型	风险等级
34	倾斜角度较大的输送设备安全保护装置、制动装置缺陷	机械伤害 物体打击 其他伤害	三级
35	各类临边护栏缺陷或攀登高大设备时体力不支、捅料作业未系安全带	高处坠落	三级
36	机动车辆刹车、转向、灯光、喇叭、后视镜等有缺陷；倒车警报装置、行车警示灯有缺陷；误操作；在特定区域未限制速度	车辆伤害	三级
37	误食腐败变质食物	食物中毒	三级

3.预案体系与衔接

简述本单位应急预案体系构成和分级情况，明确与地方政府及其有关部门、其他相关单位应急预案的衔接关系（可用图示）。

【示例】某公司综合应急预案附件中预案体系与衔接内容

附件3：应急预案体系

根据公司管理体系和生产特点，公司应急预案体系包括一个应急预案和两个现场处置方案，具体如下：

应急预案：××（江苏）有限公司生产安全事故应急预案。

现场处置方案：生产部现场处置方案、设备保障部现场处置方案。

本应急预案与属地政府应急预案、上级单位应急预案、公司内各部门应急预案进行衔接，具体衔接的应急预案如图2-4所示。

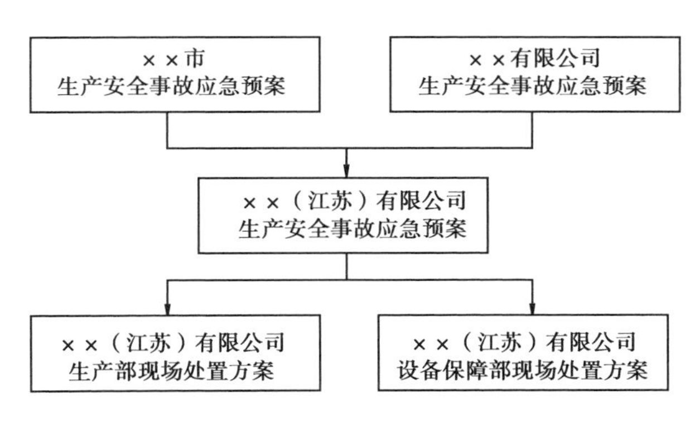

图2-4　应急预案体系图

4.应急物资装备的名录或清单

列出应急预案涉及的主要物资和装备名称、型号、性能、数量、存放地点、运输和使用条件、管理责任人和联系电话等。

【示例】某公司综合应急预案附件中应急物资装备清单(表2-3)

表2-3 可调动的应急物资及装备

序号	类别	物资名称	数量	存放地点	管理责任人和联系电话
1	医疗救助	担架	2副	总务科	
2		医药箱	2个	总务科	
3	车辆类	急救保障车	1辆	仓储物流科	
4	防护类	防化服	10件	安技环保科	
5		安全帽	50顶		
6		防护眼镜	50副		
7		防毒面具	50副		
8		正压式呼吸器	2套		
9	侦检类	天然气检测仪	1台	安技环保科	
10		有害气体检测仪	1台		
11		氧气检测仪	1台		
12	警戒类	路障	5个	安技环保科	
13		隔离警示带	2卷		
14		危险警示牌	10个		
15		警戒标识杆	10个		
16	救生类	救生梯	2套	安技环保科	
17		安全救生绳	2副		
18	抢险类	排水泵	2个	装备管理科	
19		5 kg干粉灭火器	42个	安技环保科	
20		3 kg二氧化碳灭火器	24个		
21		2 kg二氧化碳灭火器	18个		
22		壁式消防栓阀门(备件)	12个		
23		消防栓(备件)	5个		
24		水枪	4把		
25		灭火毯	4条		
26		轴流风机	2台		
27	照明类	手电筒	4个		
28		便携式应急灯	12个		

5.有关应急部门、机构或人员的联系方式

列出应急工作中需要联系的部门、机构或人员及其多种联系方式。

【示例】某公司综合应急预案附件中应急部门、机构或人员联系方式(表2-4)

表2-4　内外部应急通信录

应急救援指挥中心成员(24小时值班电话：　　　　)				
应急职务	姓名	单位职务	联系方式	
			办公电话	手机
总指挥长		总经理		
副总指挥长		副总经理		
		副总经理		
成员		公司办公室主任		
		安技环保部部长		
		制造技术部部长		
		SCM部部长		
		质量管理部部长		
		党委工作部部长		
		工会工作部部长		
		法务部部长		
		财务部部长		
信息联络员		应急管理办公室		
应急专家				
专业	姓名	所在部门	联系方式	
			办公电话	手机
特种设备				
职业危害				
机械安全				
电气安全				
交通安全				
燃气安全				
环境保护				
其他安全				
地方政府应急联系单位及人员				
单位	姓名	所在部门	联系方式	
			办公电话	手机

6. 格式化文本

列出应急信息接报、预案启动、信息发布等格式化文本。

【示例】某公司综合应急预案附件中格式化文本（表2-5）

表2-5　××有限公司生产安全事故快报

项目名称：　　　　填报人：　　　　电话：　　　　　　年　　月　　日

<table>
<tr><td colspan="2">事故时间</td><td>年　月　日
时　分</td><td colspan="2">事故地点</td><td></td></tr>
<tr><td colspan="2">事故单位</td><td></td><td colspan="2">详细地址</td><td></td></tr>
<tr><td colspan="2" rowspan="2">事故现场负责人</td><td>姓名：</td><td colspan="2" rowspan="2">事故单位
主要负责人</td><td>姓名：</td></tr>
<tr><td>电话：</td><td>电话：</td></tr>
<tr><td>死亡（人）</td><td></td><td>重伤（人）</td><td></td><td>轻伤（人）</td><td></td></tr>
<tr><td colspan="2">事故初步原因分析1</td><td></td><td colspan="2">直接经济损失预估（万元）</td><td></td></tr>
<tr><td colspan="2">事故类别2</td><td></td><td colspan="2">主要泄漏物3</td><td></td></tr>
<tr><td colspan="6">一、事故简要经过

二、事故现场处理及救援采取的主要措施

三、其他情况

</td></tr>
</table>

7. 关键的路线、标识和图纸

包括但不限于：

（1）警报系统分布及覆盖范围。

（2）重要防护目标、风险清单及分布图。

（3）应急指挥部（现场指挥部）位置及救援队伍行动路线。

（4）疏散路线、集结点、警戒范围、重要地点的标识。

（5）相关平面布置、应急资源分布的图纸。

（6）生产经营单位的地理位置图、周边关系图、附近交通图。

（7）事故风险可能导致的影响范围图。

（8）附近医院地理位置图及路线图。

8. 有关协议或备忘录

列出与相关应急救援部门签订的应急救援协议或备忘录。

9.格式要求

应急预案附件一般格式要求如下：

(1)应急预案附件齐全,编排顺序清晰合理。

(2)附件如有序号使用阿拉伯数字(如“附件:1.×××”)。

(3)附件左上角标识“附件”,有序号时标识序号。

(4)附件名称及序号应在目录中体现,做到前后标识一致。

(5)特殊情况下,附件可以独立装订。

六、印刷与装订

应急预案推荐采用A4版面印刷,活页装订。

【任务小结】

本单元任务主要学习生产经营单位生产安全事故应急预案编制格式和要求,学生通过该任务的学习,能够掌握应急预案文本结构和格式规范要求,具备使应急预案文本标准化、规范化的能力。

【思考讨论】

(1)生产安全事故应急预案的文本主要由哪几部分构成?

(2)应急预案封面主要包括哪些信息?

(3)目次中所列的内容及次序如何?

(4)应急预案正文格式有哪些要求?

(5)应急预案的附件主要包括哪些内容?

【学习评价】

任务学习效果评价表见表2-6。

表2-6　任务学习效果评价表

技能要点	评价关键点	分值	自我评价(20%)	小组互评(30%)	教师评价(50%)
应急预案文本构成	熟悉应急预案文本构成要素	10			
各要素规定内容	熟悉各要素内容	30			
各要素格式要求	熟悉各要素格式要求	30			
实际操作	能够按照格式要求进行排版	30			
总得分		100			

项目三　事故风险辨识、评估和应急资源调查

【项目描述】

在编制应急预案前，编制单位应当进行事故风险辨识、评估和应急资源调查。

事故风险辨识、评估是应急预案编制的基础，通过辨识危险有害因素评估事故后果，可以指导应急预案体系建设和应急预案的编制。

应急资源调查是根据事故风险辨识、评估结果，全面调查本单位第一时间可以调用或者请求援助的应急资源状况，为提升生产经营单位先期处置提供应急资源准备，指导应急措施的制订。

本项目主要学习生产经营单位事故风险评估程序、应急资源调查程序和调查内容，以及事故风险评估、应急资源调查报告的主要内容。重点培养学生实施事故风险评估和应急资源调查工作的能力。

【学习目标】

知识目标：

(1)掌握风险评估程序和内容。

(2)掌握应急资源调查程序和内容。

(3)掌握风险评估、应急资源调查报告的主要内容。

技能目标：

(1)具备事故风险辨识评估的能力。

(2)具备实施应急资源调查的能力。

(3)具备编制风险评估、应急资源调查报告的能力。

素养目标：

(1)养成严谨的工作态度。

(2)具有良好的文字编辑能力。

(3)具备专业、敬业的工作精神。

任务一 风险辨识与评估

【任务实施】

编制应急预案前,编制单位应当进行事故风险辨识、评估和应急资源调查。

事故风险辨识、评估,是指针对不同事故种类及特点,识别存在的危险有害因素,分析事故可能产生的直接后果以及次生、衍生后果,评估各种后果的危害程度和影响范围,提出防范和控制事故风险措施的过程。

一、风险评估概述

1. 事故风险评估目的

针对不同事故种类及特点,识别存在的危险有害因素,确定可能发生的事故类别,分析事故发生的可能性,以及可能产生的直接后果和次生、衍生后果,评估各种后果的危害程度和影响范围,提出防范和控制事故风险措施,并指导应急预案体系建设和应急预案编制。

2. 风险评估原理

风险评估应考虑导致风险的原因、风险事件发生的可能性和影响后果,不同风险及其风险源的相互关系以及风险的其他特性,还应考虑控制措施是否存在及其有效性。

事故发生的概率以及现有的安全控制措施决定了危害事件发生的可能性;能量或危险物质的量、危险物质的理化性质以及周边人员和资产分布情况决定了危害事件的后果严重程度。

风险评估的主要内容:

(1)识别危险有害因素。

(2)判断事故发生的可能性。

(3)分析事故可能产生的直接后果以及次生、衍生后果。

(4)根据事故发生的可能性以及事故出现后的后果,计算个体风险值、社会风险值。

二、风险评估程序

1. 总体要求

风险评估应按照风险评估准备、评估实施和编制评估报告的程序进行,评估流程如图3-1所示。

2. 风险评估准备

(1)成立风险评估组。结合部门职能和分工,成立以生产经营单位相关负责人为组长,相关部门人员参加的事故风险评估组，明确工作职责和任务分工，制订工作方案。生产经营单位可以邀请相关专业机构或者有关专家、有实际经验的人员参加事故风险评估。事故风险评估流程见图3-1。

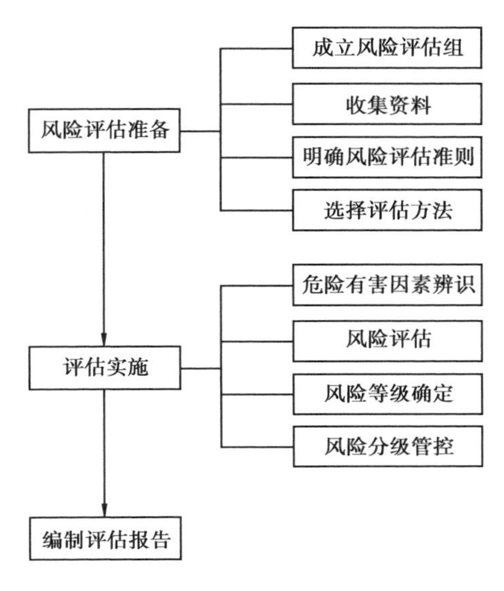

图3-1 事故风险评估流程图

(2)收集资料。评估组在评估时应收集分析适用于本生产经营单位的法律、法规、规章及标准；危害信息；生产经营单位的资源配置；设计和运行数据；自然条件；人口数据；本行业典型事故案例；以往风险评估文件及其他有关资料。

(3)明确风险评估准则。风险评估准则包括事件发生的可能性、严重性的取值标准及风险等级评定标准。生产经营单位应依据有关安全生产法律、法规，设计规范、技术标准，生产经营单位的安全管理标准、技术标准，生产经营单位的安全生产方针和目标等内容制定风险评估准则。

(4)选择评估方法。生产经营单位应根据生产经营的性质和特点，在生产准备、实施、维护、终止等阶段有针对性地选择风险评估方法，开展危险、有害因素识别和风险评估。常见的风险评估方法有：安全检查表(SCL)、头脑风暴法、预先危险性分析(PHA)、危险与可操作性分析(HAZOP)、失效模式与影响分析(FMEA)、风险矩阵、保护层分析(LOPA)、故障树分析(FTA)、事件树分析(ETA)、层次分析法、FN曲线及GB/T 27921—2011规定的其他风险评估方法。

3. 评估实施

(1)危险有害因素辨识。生产经营单位应根据评估目的，结合自身生产经营特点，选择适用的风险评估方法，对生产准备、实施、维护和终止等阶段进行危险有害因素辨识，确定可能发生的事故类别。生产经营单位通常参照《生产过程危险和有害因素分类与代码》(GB/T 13861—2009)、《企业职工伤亡事故分类》(GB 6441—1986)以及《职业病危害因素分类目录》进行危险有害因素辨识。危险化学品企业还应根据《危险化学品重大危险源辨识》(GB 18218—2018)辨识确定重大危险源。

(2)风险评估。生产经营单位应按照《安全评价通则》(AQ 8001—2007)等标准开展风险评估，评估各种后果的危害程度和影响范围，分析事故可能产生的次生、衍生后果，将风险评估的结果和风险评估准则进行比较，确定风险等级，明确个人风险和社会风险值，判断风险水平是否可以接受。超过个人和社会可容许风险限值标准的，生产经营单位应当采取相应的措施降低风险。

(3)风险等级确定。生产经营单位应定期排查评估重点部位、重点环节，通过分析重特大事故发生规律、特点和趋势，依据风险评估准则分别确定事故风险“红、橙、黄、蓝”4个等级，其中，红色为最高级。

(4)风险分级管控。生产经营单位应建立事故风险分级管控机制，实施风险差异化动态管理。定期对红色、橙色事故风险进行分析、评估、预警，采取风险管控技术、管理制度、管理措施，将可能导致的事故后果限制在可防、可控范围之内。

4. 编制评估报告

事故风险评估结束后，评估组成员沟通交流评估情况，对照有关规定及相关标准，汇总评估中发现的问题，并形成一致的评估组意见，撰写评估报告。事故评估报告应当客观公正、数据准确、内容完整、结论明确、措施可行。

三、事故风险评估报告主要内容

开展生产安全事故风险评估，撰写评估报告，其内容包括但不限于：

(1)辨识生产经营单位存在的危险有害因素，确定可能发生的生产安全事故类别。

(2)分析各种事故类别发生的可能性、危害后果和影响范围。

(3)评估确定相应事故类别的风险等级。

风险评估报告编制大纲如下：

(1)危险有害因素辨识。描述生产经营单位危险有害因素辨识情况(可用列表形式表述)。

(2)事故风险分析。描述生产经营单位事故风险的类型，事故发生的可能性、危害后果和影响范围(可用列表形式表述)。

(3)事故风险评价。描述生产经营单位事故风险的类别及风险等级(可用列表形式表述)。

(4)结论建议。得出生产经营单位应急预案体系建设的计划建议。

四、事故风险评估报告示例

【示例】某乳业有限公司生产安全事故风险评估报告(部分)

1. 工厂概况

某乳业有限公司位于××省××市高新区。2003年11月开工建设，2004年5月20日投产，总投资8.1亿元；公司厂区占地面积23万m^2，建筑面积16万m^2；现有冰淇淋生产线13条，液体奶生产线24条，低温生产线7条；现有员工1 200人；主要产品包括液体奶、冰淇淋、低温酸奶三大系列。公司通过了ISO 9001质量管理体系、ISO 14001环境管理体系、OHSAS 18001职业健康管理体系认证，公司是安全标准化一级达标企业。

公司现有两个制冷车间，使用液氨制冷。依据《危险化学品重大危险源辨识》

（GB 18218—2018），辨识出重大危险源1处，为制冷装置区，储存液氨为47吨，为三级重大危险源，公司周边不存在重大危险源。其他使用的化学品主要涉及酒精、碱液、酸液、双氧水等，存放于化学品库房，主要用于生产工艺管道的清洗。

公司使用的原辅料主要为纸箱、白糖、香精等，存放于仓库中。

公司所在地区属暖温带半干旱大陆性季风气候，最显著的气候特征是雨热同期，四季分明。春季干旱多风沙；夏季炎热，降雨集中；秋季温和，气候凉爽宜人；冬季寒冷少雪。

主要气候条件：夏季主导风向为东南风和东北风，冬季主导风向为西南风和西北风，年平均温度14.3 ℃，历年极端最高温度42.5 ℃，历年极端最低温度−17.9 ℃，年平均降雨量538.4 mm，最高降雨量1 050 mm，最大风速20 m/s，最大风力10级。

本区地质构造位于秦岭东西构造带北缘，太行山复背斜隆起南段，西接中条山突起，晋东南山字形构造前弧横贯东西，广泛发育着燕山运动以来所形成的各种构造形迹，主要为高角度正断层。根据构造特点与形成联系，分为东西向（纬向）构造体系，新华夏、晋东南山字形构造等。山前倾斜平原及冲积平原区为第四纪松散沉积物，蕴藏着丰富的浅层地下水。所在区域土壤属Ⅱ级非自重湿陷性黄土。

2. 危险有害因素辨识

生产过程中的主要危险源有液氨储罐区、制冷装置系统、污水处理厂、配电设备、库房（存放易燃的纸箱等原辅料）和各类特种设备（包括锅炉、压力容器、压力管道、气瓶、叉车等）以及厂内装卸货物的车辆等。涉及的危险化学品有液氨和少量的硝酸（酸性清洗剂）、氢氧化钠（碱性清洗剂）、乙醇、过氧化氢和液氮，在生产经营过程中存在以下风险：

（1）液氨贮液器物理爆炸。贮液器超压和存在的缺陷会使其承压能力降低；强度设计、结构设计、选材、防腐不合理等原因造成液氨贮液器可能发生物理爆炸，产生的超声波和爆炸碎片对人和物体造成损害。

（2）液氨贮液器化学爆炸。氨气泄漏，与空气混合后达到爆炸极限，遇到明火、静电火花等火源，引起火灾与化学爆炸事故。

（3）液氨贮液器引发中毒事故。由于液氨贮液器及其附件爆炸、泄漏，空气中的氨气浓度超过安全阈值，可能导致人员中毒和窒息。

（4）电气设备管理不当或漏电导致人员触电、火灾等事故。

（5）锅炉、压力容器、压力管道、气瓶管理不当，因超压、高温等可能导致容器爆炸、火灾等事故。

（6）叉车、厂内装卸汽车如违章行驶，有导致车辆伤害的危险。

（7）在污水池清理过程中，如果人员无防护措施，就会有中毒和窒息的危险，如果救援处置不当还会有发生次生事故的危险。

（8）在生产过程中，设备高速运转部件防护不当，有导致机械伤害、物体打击的危险。

（9）电气或点火源管理不当会造成库房发生火灾事故。

3. 事故风险分析

根据生产经营单位危险有害因素辨识情况，分析事故发生的可能性、危害后果和影响范围，内容见表3-1。

表3-1 危险有害因素辨识与评估表

序号	风险种类	易发生区域	原因、可能时间	事故征兆	严重程度、影响范围	可能引发的次生衍生事故
1	火灾爆炸	车间、液氨罐区、库房、办公区等易燃物料使用场所、电气设备使用场所、生活场所	设备缺陷、电线老化、短路过热、违规作业	设备、电线温度过高，有黑色烟雾	污染环境、人员伤亡、厂区大面积停电。整个厂区范围	污染环境、人员伤亡
2	中毒窒息	车间罐体、能源地沟、污水厂反应池	作业时有毒气体溢出或氧气不足，救援时没有防护直接进入作业	头晕、恶心、呕吐、胸痛、四肢麻木、意识障碍与昏迷	人员伤亡。污水厂范围	人员伤害（施救不当）
3	触电	凡有电气设备及供电线路的场所，以及接触电气设备和用电作业的各个环节	电线裸露、设备缺陷、未穿戴防护用品。作业时	漏电保护装置启动	人员伤亡、工厂部分区域停电。本工厂范围	人员伤害（施救不当）
4	灼烫	化学品库房、车间CIP间、化验室	未佩戴防护用品。装卸或操作时	喷溅至防护用品上	人员严重伤害。本工厂范围	环境污染
5	机械伤害	各类机械设备作业场所	旋转部件未做防护、未执行挂牌上锁。作业时	设备运行卡死	人员严重伤害	影响生产
6	高处坠落	车间装置平台	未戴安全帽、未系安全带、作业平台不良、登高作业	平台倾斜、身体不适	人员受到伤害，设备实施不能及时完成维保	
7	物体打击	高处平台、设备下方、施工场所	平台无踢脚板、工具随意摆放。作业时	工具或物品发生掉落	人员受到伤害	
8	氨气泄漏	制冷车间、冷库、冰淇淋车间	自然灾害、管线破损、设备缺陷故障、阀门破损、第三方破坏	设备报警、有刺激性气味并伴随着冒白色气体	中毒、人员疏散、人员伤亡。影响厂区及周边	火灾、爆炸、环境污染
9	淹溺	污水厂反应池	恶劣天气巡查、清理池塘	巡查人员重心失稳	人员受到伤害	施救人员受伤
10	起重伤害	电动葫芦、起重机械下方	超重、钢丝绳断裂。吊装时	起重过程中发生颤抖、钢丝绳逐渐断裂	人员受到伤害	
11	车辆伤害	供应、物流装卸区	超速行驶、违规作业。车辆行驶时		人员受到伤害	建筑物损坏
12	坍塌	库房、立体库	自然灾害、货架超载	货架发生变形	人员受到伤害	

4.事故风险评价

在风险分析基础上使用风险矩阵评价法对可能发生的事故类型产生的后果进行评价,确定风险等级。具体内容见表3-2。

表3-2 事故风险评价表

序号	风险种类	风险评价		风险等级
		可能性	严重程度	
1	火灾爆炸	可能,但不经常	轻度,可能发生一般事故	较大风险(橙)
2	中毒窒息	可能性小,完全意外	严重,可能发生较大事故	较大风险(橙)
3	触电	可能,但不经常	轻度,可能发生一般事故	较大风险(橙)
4	灼烫	可能性小,完全意外	严重,可能发生较大事故	较大风险(橙)
5	机械伤害	可能性小,完全意外	严重,可能发生较大事故	较大风险(橙)
6	高处坠落	可能性小,完全意外	严重,可能发生较大事故	较大风险(橙)
7	物体打击	可能性小,完全意外	轻度,可能发生一般事故	一般风险(黄)
8	氨气泄漏	可能性小,完全意外	严重,可能发生较大事故	较大风险(橙)
9	淹溺	很不可能,可以设想	轻微,可能发生人员轻伤事故	低风险(蓝)
10	起重伤害	可能性小,完全意外	轻度,可能发生一般事故	一般风险(黄)
11	车辆伤害	可能,但不经常	轻度,可能发生一般事故	较大风险(橙)
12	坍塌	很不可能,可以设想	轻度,可能发生一般事故	一般风险(黄)

5.结论建议

通过前期的生产安全事故风险评估,对公司生产作业过程中可能存在的危险因素进行了全面辨识,并使用风险矩阵评价法对可能发生的事故类型产生的后果进行了评价,确定了风险等级。

结合风险矩阵评价结果及事故造成的严重后果,最终确定火灾爆炸、中毒和窒息、灼烫、机械伤害、触电、高处坠落、氨气泄漏、车辆伤害这八种事故类型编制生产安全事故应急预案或现场处置方案,对物体打击、淹溺、起重伤害、坍塌这四种事故类型纳入操作规程及日常风险管控中。

【任务小结】

本单元任务主要学习生产经营单位事故风险评估的目的、原理、评估程序和风险评估报告的主要内容,学生通过该任务的学习,需掌握生产经营单位事故风险评估的程序和内容,具备实施事故风险评估并编制风险评估报告的能力。

【思考讨论】

(1)生产经营单位事故风险评估的目的是什么?

(2)生产经营单位事故风险评估的程序有哪些?

(3)生产经营单位事故风险评估报告的内容主要有哪些?

【学习评价】

任务学习效果评价表见表3-3。

表3-3 任务学习效果评价表

技能要点	评价关键点	分值	自我评价（20%）	小组互评（30%）	教师评价（50%）
风险辨识评估目的	理解风险辨识评估的目的和意义	10			
风险评估程序	熟练掌握风险评估流程	20			
风险评估报告内容	熟练掌握风险评估报告主要内容	20			
格式排版	能进行风险评估报告的规范化排版	20			
综合运用	能按照分工独立完成编制工作	30			
总得分		100			

任务二　应急资源调查

【任务实施】

编制应急预案前，编制单位在完成事故风险辨识、评估工作后，应当进行应急资源调查。应急资源调查，是指全面调查本地区、本单位第一时间可以调用的应急资源状况和合作区域内可以请求援助的应急资源状况，并结合事故风险辨识评估结论制订应急措施的过程。

一、概述

1. 应急资源调查目的

根据生产经营单位可能发生的事故影响范围和危害程度，全面调查本地区、本单位第一时间可以调用的事故处置所需的应急资源状况和合作区域内可以请求援助的应急资源状况，为建立生产经营单位应急资源数据库和管理信息平台提供统一完整、及时准确的基础资料和决策依据，并结合事故风险评估结论，为生产经营单位先期处置提供应急资源准备，指导应急措施的制订。

2. 应急资源调查原则

(1)全面性原则。应急资源调查过程中既要考虑资源种类的全面性，又要考虑内部和周边地区调查的全面性，保证调查结果没有遗漏。

(2)实用性原则。应急资源调查过程中既要考虑应急资源种类与可能发生的事故性质、危害程度的匹配性，又要考虑应急资源调集、使用的可靠性，保障所调查的应急资源在应急处置时有用、可用。

(3)规范性原则。采用程序化和系统化的方式规范生产经营单位应急资源调查过程，保证调查过程的科学性和客观性。

(4)可操作性原则。综合考虑调查方法、事件和经费等因素，结合生产经营单位的实际情况，使调查过程切实可行，便于操作。

二、应急资源调查程序

1. 调查准备

结合本单位部门职能和分工，成立以单位相关负责人为组长，单位相关部门人员参加的应急资源调查小组，明确工作职责和任务分工。生产经营单位可以邀请相关专业机构或者有关专家、有实际经验的人员参加事故风险评估。必要时，可与事故风险评估工作组合并。

为使调查工作顺利进行，应急资源调查小组要制订切实可行的应急资源调查计划，包括调查的事件、地点、调查组人员构成和调查分工等。

2. 调查启动

按照调查计划，调查组采用资料收集、应急资源需求分析、现场勘探、人员访谈等方法进行应急资源调查。

（1）资料收集。收集生产经营单位应急管理相关的资料，主要包括：生产经营单位风险评估报告、生产经营单位各类应急预案、应急演练记录、应急救援相关记录、应急处置评估报告及其他相关资料。

（2）应急资源需求分析。在资料收集的基础上，结合事故风险评估结果，对生产经营单位事故应急处置中所需应急资源的种类、数量和调集方式、投入使用时间等进行分析，明确应急资源需求结果。

（3）现场勘探。在应急资源需求分析的基础上，采用现场勘查的方式查看生产经营单位自身和周边应急资源，重点查看设备类和设施类应急资源。

（4）人员访谈。对于在资料收集和现场勘查过程中所涉及的疑问、信息的补充和已有资料的考证，采用人员访谈的方式进行求证，访谈对象为生产经营单位应急管理相关人员，参与应急救援工作的人员，访谈可采用当面交流、电子或书面调查表的方式进行。

3. 编写报告

调查组成员对调查内容进行汇总整理，对照已有资料，对其中可疑处和不完善处进行核实和补充，按照应急资源调查报告大纲的要求编制调查报告。

三、调查内容

1. 应急人力资源

（1）应急救援队伍。调查生产经营单位内部的应急救援队伍情况和应急救援能力；调查周边地区与本单位签订救援协议的其他救援队伍情况和应急救援能力；调查发生事故后，生产经营单位可以求助的政府救援力量，如军队、武警、消防等；调查生产经营单位周边以社区为依托的，通过培训组成的具有一定自救、互救知识和技能的社区应急队伍。

（2）应急管理人员。调查生产经营单位内部在事故应急管理体系中开展事故准备、响应、善后和改进管理工作的专职人员。

（3）应急专家。调查生产经营单位内部和周边区域的可为有效开展应急工作提供建议和咨询的应急专家。

2. 应急物资

（1）生活物资类。调查生产经营单位内部储备的用于事故应急状态下的食品、水的种类和数量，以及被子、毛毯、棉衣等的种类和数量。

（2）医疗救助类。调查生产经营单位配备的用于事故应急救援过程的医疗救助类物资。主要包括：常备药品、医疗急救箱等。

（3）应急保障类。调查生产经营单位配备的用于事故应急救援过程的应急保障类物质。主要包括：燃料、方木等。

3. 应急装备

（1）车辆类。调查生产经营单位内部用于应急救援的车辆的种类和数量。主要包括用于事故发生后救援指挥的车辆，如救护指挥车、移动指挥系统、通信指挥车等；生产经营单位配备的各类消防车辆，如水罐消防车、泡沫消防车、干粉泡沫联用消防车等；用于生产经营单位应急救援后勤保障的车辆，如后援保障车、办公宿营车以及其他用于生产经营单位应急救援的相关车辆。

(2)防护类。调查为避免、减少人员伤亡以及次生事故,用于事故发生时的防护装备。主要包括用于抢险救援的身体防护装备,如抢险救援服、避火服、防化服、隔热服等;用于抢险救援的头部防护装备,如消防头盔、抢险救援头盔等;用于现场救援的眼部防护装备,如防化护目镜等;用于现场救援的呼吸类防护装备,如正压式空气呼吸器、氧气呼吸器、防毒面罩等;其他类型的防护装备。

(3)监测类。调查生产经营单位储备的用于事故现场监测的相关装备。如生命探测仪、气体检测仪、气象色谱仪、红外线测温仪等装备。

(4)侦检类。调查生产经营单位储备的用于事故现场快速准确地进行检测的相关装备,如有毒气体探测仪、可燃气体检测仪、热像仪、测温仪、水质分析仪等。

(5)警戒类。调查生产经营单位储备的用于事故现场的警戒类装备,主要包括警戒标识杆、隔离警示带、危险警示牌、闪光警示灯、出入口标识牌等。

(6)救生类。调查生产经营单位配备的用于事故救援的救生类装备,主要包括折叠式担架、逃生气垫、缓降器、救生绳索等。

(7)抢险类。调查生产经营单位配备的用于事故现场工程抢险作用的常用装备,主要包括破拆和堵漏工具、排水泵、排沙泵、灭火器材和装置、挖掘设备、支护工具等。

(8)洗消类。调查生产经营单位配备的用于危化品事故洗消作业的常用装备,如强酸、碱洗消器,洗消喷淋器,单人洗消帐篷,密闭式公众洗消帐篷,洗消喷枪等。

(9)通信类。调查生产经营单位储备的用于应急救援工作的通信装备,一般分为有线和无线两类,包括无线传真机、便携式笔记本电脑、对讲机等。

(10)照明类。调查生产经营单位储备的用于应急救援的相关照明类设备,包括手提式防爆灯、移动式升降照明灯组等。

(11)其他。调查生产经营单位除上述装备外的其他装备的种类和数量,如电动排烟机、水驱动排烟机等。

4. 应急设施类

(1)避难设施。调查生产经营单位内部或周边可以满足公众临时避难的场所,如体育馆、礼堂、学校等公共建筑,以及公园、广场等开阔地点,用于临时避难的帐篷、活动板房等。

(2)交通设施。调查生产经营单位应急救援过程中所需要的交通设施情况,包括铁路、公路和航空等交通设施以及周边的交通是否通畅。

(3)医疗设施。调查生产经营单位内部和周边地区应急情况下的医疗能力,周边医疗机构的分布情况以及可提供的医疗救助能力。

5. 应急资金、技术和信息类

调查生产经营单位应急资金保障情况,以及生产经营单位内部和外部在应急情况下的相关应急技术资料、应急信息等。

四、应急资源调查报告主要内容

全面调查和客观分析本单位、周边单位和政府部门可请求援助的应急资源状况,撰写评估报告,其内容包括但不限于:

(1)本单位可调用的应急队伍,装备物资场所。

(2)针对生产过程及存在的风险可采取的监测、监控、报警手段。

(3)上级单位、当地政府及周边企业可提供的应急资源。

(4)可协调使用的医疗、消防专业抢险救援机构及其他社会化应急救援力量。

风险评估报告编制大纲如下:

(1)单位内部应急资源。按照应急资源的分类,分别描述相关应急资源的基本现状、功能完善程度、受可能发生事故的影响程度(可用列表形式表述)。

(2)单位外部应急资源。描述本单位能够调查或掌握可用于参与事故处置的外部应急资源情况(可用列表形式表述)。

(3)应急资源差距分析。依据风险评估结果得出本单位的应急资源需求,与本单位现有内外部应急资源对比,提出本单位的内外部应急资源补充建议(可用列表形式表述)。

五、应急资源调查报告示例

【示例】某企业应急资源调查报告

1.总则

(1)调查对象及范围。公司所有应急资源状况及周边可用于参与事故处置的社会应急资源情况,包括周边企业、周边环境以及当地政府应急资源情况。

(2)调查目的。摸清家底和周边可利用资源,便于事故发生后及时调用和请求支援。

(3)调查依据。《中华人民共和国安全生产法》《生产安全事故应急预案管理办法》(安监总局第88号令),国家及重庆市相关标准、规范要求和本公司应急预案。

2. 单位内部应急资源

按照应急资源的分类,分别对内部应急人员、应急物资装备进行了调查,如表3-4和表3-5所示。

表3-4　内部应急人员通讯录

应急组织机构	姓名	手机	固定电话	备注
应急领导小组				总指挥
				副总指挥
				副总指挥
				副总指挥
应急领导小组办公室				组长
				成员
				成员
通信联络组				组长
				副组长
				成员
				成员
抢险救灾组				组长
				副组长
				成员
				成员

续表

应急组织机构	姓名	手机	固定电话	备注
警戒保卫组				组长
				副组长
				成员
				成员
后勤保障组				组长
				副组长
				成员
				成员
医疗救护组				组长
				副组长
				成员
				成员

表3-5　应急物资及装备表

类别		设备名称及性能	数量	存放地点	管理人员
车辆类	消防车	水罐消防车(16 t,压力0.65 MPa)			
	消防巡查车	电动巡查车(乘坐7人)			
	物资转运车	叉车(1.5 t,电动)			
	公务车	公司商务车(7座)			
防护类	身体防护	防火服			
		防化服(轻型防化服)			
		安全带			
	头部防护	消防头盔			
		抢险救援头盔			
		安全帽(玻璃钢材质)			
	眼镜防护	护目镜			
	呼吸防护	防毒面罩(一次性过滤式)			
		滤毒罐(活性炭)			
		正压式空气呼吸器			
		火灾防烟面具			
		防尘口罩			
监测类		气体检测仪(便携式氨气检测仪)			
		红外线测温仪			
		四合一有毒有害气体检测仪(自吸泵式)			

续表

类别	设备名称及性能	数量	存放地点	管理人员
警戒类	警戒标识杆			
	隔离警示带			
	危险警示牌			
	闪光警示灯(太阳能式)			
救生类	折叠式担架			
	救生绳索			
洗消类	洗消喷淋器			
通信类	便携式笔记本电脑			
	对讲机			
抢险类	堵漏枪			
	灭火器(干粉、二氧化碳)			
	电动剪切钳			
	排水泵(3 km、40 t/h潜水泵)			
	雨衣			
	雨鞋			
	强光手电			
	消防沙			
	消防水带			

3. 单位外部应急资源

根据生产安全事故性质、严重程度、范围等,选择应急处置和救援可依托的外部专业队伍、物资、技术等,如地方公安、消防、医疗、安监、环保等部门,确保生产安全事故的应急处置、消防、环境监测、医疗救治、治安保卫、交通运输等应急救援力量到位。公司可调用的外部专家及上级救援中心、政府部门和周边单位的情况,如表3-6、表3-7和表3-8所示。

表3-6　技术专家应急通信联系表

序号	专业组	成员	工作单位	性别	联系方式
1	危化品				
2					
3					
4	职业卫生				
5					
6					

续表

序号	专业组	成员	工作单位	性别	联系方式
7	电气安全				
8					
9					
10	机械设备				
11					
12					
13	应急救援				
14					
15	消 防				
16					
17	设备供应商				
18					

表3-7 公司外部应急通讯录（事故发生后汇报部门联系方式）

序号	汇报部门	联络电话	备注
1	××管委会		
2	××应急局		
3	××市政府		
4	××省应急管理厅		
5	××集团公司		

表3-8 公司外部应急通讯录（地方救援组织联系方式）

序号	汇报部门	联络电话	备注
1	火警		
2	报警		
3	急救		
4	应急局		
5	环保局		
6	××医院		三级乙等
7	××消防中队		
8	××交警中队		
9	××派出所		

4.应急资源差距分析

(1)通信与信息保障。应急救援领导小组办公室掌握、更新本公司及外部所有应急相关人员的通信联系方式。

(2)应急队伍保障。公司建立了应急救援队伍,成立了氨气泄漏和火灾应急两支兼职救援队;队伍配备了先进的救援设备并定期进行演练,同时每年度邀请消防部门、医疗部门、应急专家等定期对救援队伍及救援流程进行专业培训、指导,熟悉公司危险源及处置措施,掌握了抢险救灾的相关技能。与周边企业签订互救协议(本公司与焦作金叶醋酸纤维有限公司,联系方式见附件4,其地址与我公司西侧相邻),作为应急队伍的补充力量。

(3)物资装备保障。公司投入资金配备了消防车、正压式空气呼吸器、防化服、商务车、巡逻车、叉车等应急物资,每年按照各部门实际情况补充并更新设备、机具、物资。

(4)资金保障。年度专项资金用于日常应急工作,包括应急管理系统和应急专业队伍建设,应急装备配置,应急物资储备,应急宣传和培训,应急演练以及应急设备日常维护、预案审查及备案等。不可预见资金用于处置生产安全事故及其他不可预见事件。财务部门负责确保应急管理专项资金到位,按应急领导小组的指令,保证所需的应急资金。

(5)外部依托资源保障。根据生产安全事故性质、严重程度、范围等选择应急处置和救援可依托的外部专业队伍、物资、技术等,如地方公安、消防、医疗、安监、环保等部门,确保生产安全事故的应急处置以及消防、环境监测、医疗救治、治安保卫、交通运输等应急救援力量到位。

(6)医疗救护保障。公司根据应急需要,依托社会应急医疗救护资源,与属地医疗机构签订救援协议,支援现场应急救治工作。

5.应急资源调查主要结论

本次应急资源调查从应急人力资源、应急物资、应急装备、应急设施、医疗保障、资金和信息等各方面对公司应急资源状况进行了摸底。根据调查情况,本公司已组建应急组织机构,并列支了专项经费,按安全、消防、环保等部门要求配备了必要的应急设施及装备。摸清了周边可依托的互助单位和政府配套的公共应急资源及队伍,增强了应对突发事故的应急处置能力。综上所述,公司具有一般事故先期处置所需要应急物资装备的基本能力,但仍需及时补充更新应急物资装备及个人防护设备。

【任务小结】

本单元任务主要学习生产经营单位应急资源调查的目的、原则、调查程序、调查内容和报告编制等,学生通过该任务的学习,需掌握生产经营单位事故应急资源调查的程序和内容,具备实施应急资源调查并编制应急资源调查报告的能力。

【思考讨论】

(1)生产经营单位应急资源调查的目的是什么?

(2)生产经营单位应急资源调查的程序有哪些?

(3)生产经营单位应急资源调查的内容有哪些?

(4)生产经营单位应急资源调查报告编制大纲主要包括哪些内容?

【学习评价】

任务学习效果评价表见表3-9。

表3-9 任务学习效果评价表

技能要点	评价关键点	分值	自我评价（20%）	小组互评（30%）	教师评价（50%）
应急资源调查的目的和原则	理解应急资源调查的目的和意义	20			
应急资源调查程序	熟练掌握应急资源调查程序	20			
应急资源调查报告内容	熟练掌握应急资源调查报告的主要内容	20			
格式排版	能进行风险评估报告的规范化排版	20			
综合运用	能按照分工独立完成编制工作	20			
总得分		100			

项目四　企业应急预案编制

【项目描述】

应急预案是科学应对各类生产安全事故的应急基础。通过风险评估和应急资源调查，提前编制应急预案，明确应急职责和响应程序，在人员、装备、通信等应急资源方面进行先期准备，可以指导应急救援快速、高效、有序地开展，最大限度地降低事故损失。

但是现实生产中，部分企业仍存在对应急预案编制工作不重视，编制过程不规范，日常管理松懈，未按照要求开展培训和演练，甚至发生生产安全事故时应急处置不及时、不科学而导致事故损失扩大等问题。

本项目主要学习生产安全事故应急预案的编制内容，包括综合应急预案、专项应急预案、现场处置方案的编制等，重点培养学生编制不同类型应急预案的能力。

【学习目标】

知识目标：

(1)熟悉应急预案编制的格式要求。

(2)掌握综合应急预案的编制内容。

(3)掌握专项应急预案的编制内容。

(4)掌握现场处置方案、应急处置卡的编制内容。

技能目标：

(1)具备综合应急预案编制的能力。

(2)具备专项应急预案编制的能力。

(3)具备现场处置方案、应急处置卡编制的能力。

素养目标：

(1)养成严谨的工作态度。

(2)具有良好的文字编辑能力。

(3)具备专业、敬业的工作精神。

任务一　综合应急预案编制

【任务实施】

生产经营单位应急预案分为综合应急预案、专项应急预案和现场处置方案。生产经营单位应根据有关法律、法规和相关标准，结合本单位组织管理体系、生产规模和可能发生的事故特点，科学合理确立本单位的应急预案体系，并注意与其他类别应急预案相衔接。

综合应急预案是生产经营单位为应对各种生产安全事故而制定的综合性工作方案，是本单位应对生产安全事故的总体工作程序、措施和应急预案体系的总纲。

本节根据国家标准《生产经营单位生产安全事故应急预案编制导则》(GB/T 29639—2020)的具体要求，重点介绍生产经营单位综合应急预案的组成结构及各要素的编制内容和要求。

下面分别介绍各构成要素编制的内容及要求，综合应急预案的主要内容见表4-1。

表4-1　企业综合应急预案编制要素及要求

编制要素		基本要求
总则	适用范围	说明应急预案的适用范围
	响应分级	依据事故危害程度、影响范围和生产经营单位控制事态的能力，对事故应急响应进行分级，明确分级响应的基本原则。响应分级不必照搬事故分级
应急组织机构及职责		明确应急组织形式(可用图示)及构成单位(部门)的应急处置职责。应急组织机构可设置相应的工作小组，各小组具体构成、职责分工及行动任务应以工作方案的形式作为附件
应急响应	信息报告	信息接报：明确应急值守电话、事故信息接收、内部通报程序、方式和责任人，向上级主管部门、上级单位报告事故信息的流程、内容、时限和责任人，以及向本单位以外的有关部门或单位通报事故信息的方法、程序和责任人
		信息处置与研判： (1)明确响应启动的程序和方式。根据事故性质、严重程度、影响范围和可控性，结合响应分级明确的条件，可由应急领导小组做出响应启动的决策并宣布，或者依据事故信息是否达到响应启动的条件自动启动 (2)若未达到响应启动条件，应急领导小组可做出预警启动的决策，做好响应准备，实时跟踪事态发展 (3)响应启动后，应注意跟踪事态发展，科学分析处置需求，及时调整响应级别，避免响应不足或过度响应
	预警	预警启动：明确预警信息发布的渠道、方式和内容
		响应准备：明确做出预警启动后应开展的响应准备工作，包括队伍、物资、装备、后勤及通信
		预警解除：明确预警解除的基本条件、要求及责任人

续表

编制要素		基本要求
应急响应	响应启动	确定响应级别,明确响应启动后的程序性工作,包括应急会议召开、信息上报、资源协调、信息公开、后勤及财力保障工作
	应急处置	明确事故现场的警戒疏散、人员搜救、医疗救治、现场监测、技术支持、工程抢险及环境保护方面的应急处置措施,并明确人员防护的要求
	应急支援	明确在事态无法控制的情况下,向外部(救援)力量请求支援的程序及要求、联动程序及要求,以及外部(救援)力量到达后的指挥关系
	响应终止	明确响应终止的基本条件、要求和责任人
后期处置		明确污染物处理、生产秩序恢复、人员安置等方面内容
应急保障	通信与信息保障	明确应急保障的相关单位及人员通信联系方式和方法,以及备用方案和保障责任人
	应急队伍保障	明确相关的应急人力资源,包括专家、专兼职应急救援队伍及协议应急救援队伍
	物资装备保障	明确本单位的应急物资和装备的类型、数量性能、存放位置、运输及使用条件、更新及补充时限、管理责任人及其联系方式,并建立台账
	其他保障	根据应急工作需求而确定的其他相关保障措施(如能源保障、经费保障、交通运输保障、治安保障、技术保障、医疗保障及后勤保障)

一、总则

1.适用范围

说明应急预案适用的工作范围和事故类型和级别。适用范围要明确,如适用的区域,应写明适用某企业、某车间等。

事故级别的确定是本部分编写的难点,因为企业生产性质与规模不同,事故级别的划分标准也有较大区别。事故级别的划分要分析本企业事故风险、生产性质、规模等,同时还应参照本企业上级部门对事故级别的划分情况。

【示例】某化工企业综合应急预案中适用范围的描述

本应急预案适用于本公司生产和生活中所发生的触电、物体打击、高空坠落、火灾、爆炸、中毒等突发性人身安全事故、机械事故及突发性治安事件的应急处理。

(1)适用区域范围:××化工公司生产、储存场所。

(2)适用的事故类型:本预案适用于公司内发生的重特大危险化学品的泄漏、火灾、爆炸、中毒以及触电、高处坠落、机械伤害等事故的处理。

(3)适用的事故级别:本预案适用于企业级的响应。

2.响应分级

事件性质及事故后果严重程度不同,其响应级别也不同。有些事故的处置,公司内部甚至是车间内的应急能力就足以应对，有些事故的处置则需要动用社会救援力量才能应对。因此，编制预案时要合理设定响应级别。响应级别的设定主要依据事故危害程度、影响范围和企业内部（公司层、车间层、现场层）应急能力水平来综合考虑。

【示例】某公司综合应急预案中响应分级的描述

针对事故危害程度、影响范围和公司控制事态的能力，将应急响应分为三级。

三级响应：现场处置响应级别，具备下列条件之一，启动三级响应。

（1）造成3人以下轻伤的生产安全事故。

（2）发生事故，但未有人员伤亡的事故。

二级响应：专项预案响应级别，具备下列条件之一，启动二级响应。

（1）造成3人以下重伤（中毒）的生产安全事故，或者直接经济损失较大的生产安全事故。

（2）造成3人以上轻伤的生产安全事故。

一级响应：公司级响应级别，具备下列条件之一，启动一级响应。

（1）造成人员死亡（含失踪），或3人以上重伤（中毒），或危及10人以上生产安全事故，或者直接经济损失较大的生产安全事故。

（2）超出基层井队应急处置能力的生产安全事故，或接到地方政府的相应应急联动要求时。

（3）影响恶劣，公司认为有必要启动一级响应的生产安全事故。

二、应急组织机构及职责

应急组织机构是落实事故应急救援的关键，高效的组织机构是应急预案有效实施的保障。要明确生产经营单位的应急组织形式及人员组成，并明确机构涉及的小组和人员的具体应急工作任务和职责，建议用结构图来表示。

【示例】某公司综合应急预案中应急组织机构及职责的描述

（1）应急组织机构

公司根据生产安全事故主要特点，成立了应急指挥部，应急指挥部下设抢险救援组、警戒疏散组、通信联络组、后勤保障组四个应急小组。应急组织机构体系如图4-1所示。

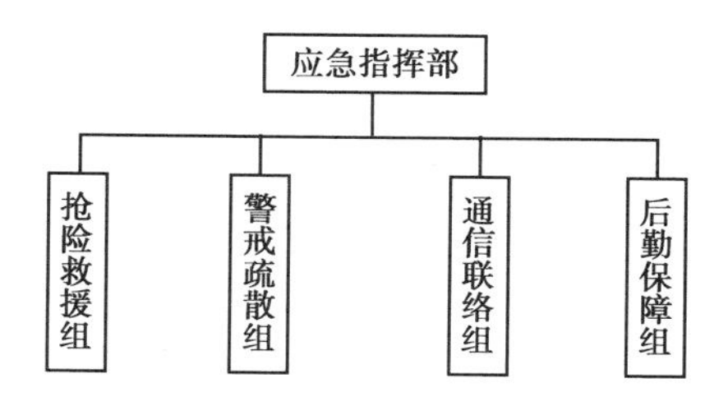

图4-1　公司应急组织机构体系图

（2）应急组织机构相关职责

①应急指挥部及应急小组人员组成（表4-2）

表4-2　应急指挥部及应急小组人员组成表

应急指挥部	
总指挥	公司总经理
副总指挥	厂务总监
抢险救援组	
抢险救援组组长	机电部负责人
副组长	保安队长
成员	班组经理、制胶部经理、生产技术部员工、热磨部经理、质量保证部员工
警戒疏散组	
警戒疏散组组长	供应部经理
成员	供应部主任、供应部员工
通信联络组	
通信联络组组长	人力资源部经理
成员	人力资源部主任、人力资源部全体员工
后勤保障组	
后勤保障组组长	会计部经理
成员	会计部员工

②应急指挥部

应急指挥部职责：

a.组织制订公司综合应急预案、专项应急预案和现场处置方案。

b.保障应急物资储备和人员的应急教育与培训。

c.组织与实施应急预案演练。

d.负责人员、资源的配置，应急队伍的调动。

总指挥职责：

a.组织制订本公司的应急预案。

b.负责人员、资源的配置，应急队伍的调动。

c.确定现场指挥人员。

d.协调事故现场有关工作。

副总指挥职责：

a.协助总指挥组织制订本公司的应急预案。

b.协助总指挥做好人员、资源的配置，应急队伍的调动。

c.协调现场应急人员，尽力把事故损失降到最低程度。

d.协调事故现场有关工作。

③抢险救援组

在现场指挥的指挥下，负责对现场受伤人员进行救助，对损坏的设备进行抢修，控制事故现场。

④警戒疏散组

迅速疏散现场人员，划出危险区域，做好现场警戒工作，严禁无关人员靠近和进入事故现场。

⑤通信联络组

迅速报警，并负责各部门间的联络，保障通信畅通。

⑥后勤保障组

负责抢险器材、维修材料和生活品的供给等。

三、应急响应

应急响应是指当突发事件的紧急状态或事故发生后果达到响应级别时，相关组织或人员采取的应急行动。应急响应的编制包括六方面的内容，即信息报告、预警、响应启动、应急处置、应急支援、应急终止。

1.信息报告

(1)信息接报。应急预案中应明确应急值守电话，事故信息接收，内部通报程序、方式和责任人，向上级主管部门和上级单位报告事故信息的流程、内容、时限和责任人，以及向本单位以外的有关部门或单位通报事故信息的方法、程序和责任人。

(2)信息处置与研判。要明确响应启动的具体程序和方式。根据事故性质、严重程度、影响范围和可控性，结合响应分级明确的条件，可由应急领导小组做出响应启动的决策并宣布，或者依据事故信息是否达到响应启动的条件自动启动。若未达到响应启动条件，应急领导小组可做出预警启动的决策，做好响应准备，实时跟踪事态发展。响应启动后，应注意跟踪事态发展，科学分析处置需求，及时调整响应级别，避免响应不足或过度响应。

【示例】某公司综合应急预案中信息报告内容

(1)信息接报

①公司生产安全事故应急领导小组办公室接到事发单位报告后，立即向公司应急领导小组组长报告。公司24小时应急值守电话：××××××(SCM部生产控制中心值班电话)。

②公司生产安全事故应急领导小组办公室根据接报的事故(件)信息情况和应急领导小组组长意见，向东风汽车集团有限公司生产安全事故应急主管部门或地方政府生产安全事故应急管理部门报告，并根据事态的变化随时报告。

③报告内容包括事故简要经过、类型、人员伤亡、事故后果、事故原因等，接报后最迟1小时内报到公司生产安全应急领导小组办公室。

(2)信息处置与研判

应急领导小组组长根据报告事故的性质、严重程度、影响范围和可控性，对事故进行研判，做出预警或应急响应启动的决策：

①若达到Ⅲ级(厂/部级)响应启动条件，事态存在较大的扩大可能性，厂/部负责应急处置，公司应急领导小组组长宣布启动预警，并按本预案预警部分有关规定进行应急响应准备。

②若达到Ⅱ级(商用车级)响应启动条件，由应急领导小组组长宣布启动Ⅱ级(商用车级)响应。

③若达到Ⅰ级(东风集团级)响应启动条件，启动Ⅰ级(东风集团级)响应，同时报

告东风汽车集团有限公司应急办或当地政府应急办，建议启动Ⅰ级响应。

④事故造成严重不良影响或严重社会影响的，应提升一个响应级别。

2. 预警

(1)预警启动。明确预警信息发布渠道、方式方法和内容。

(2)响应准备。明确做出预警启动后应开展的响应准备工作，包括物资、队伍、装备、后勤及通信。

(3)预警解除。明确预警解除的基本条件、要求及责任人。

【示例】某公司综合应急预案中预警的内容

(1)预警启动

①公司应急领导小组组长宣布预警启动，组织事故救援抢险组、后勤保障组和医疗救护人员等待救援命令。

②救援抢险组、后勤保障组按照职责分工，落实人员、物资、装备的准备情况。

③应急办公室持续跟踪事态发展情况，及时做好信息传递。

(2)预警解除

当Ⅲ级(厂/部级)响应事故得到有效控制，由公司应急领导小组组长宣布解除公司预警，应急办公室将信息传递至各应急工作小组。

3. 响应启动

确定响应级别，明确响应启动后的程序性工作，包括应急会议召开、信息上报、资源协调、信息公开、后勤及财力保障工作。

【示例】某公司综合应急预案中响应启动的描述

本预案的响应程序如图4-2所示。

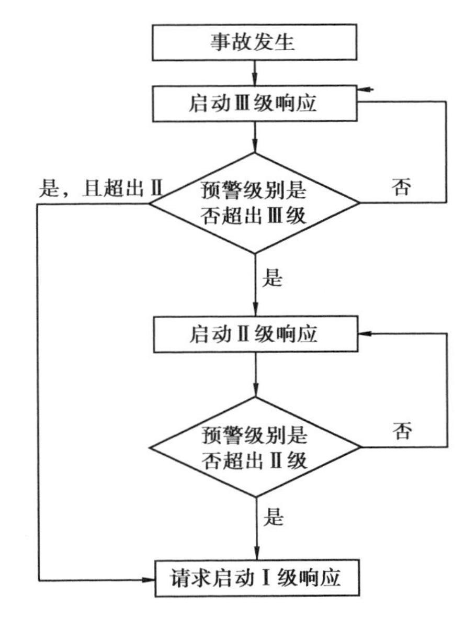

图4-2　公司响应程序图

(1)事故发生后,现场应急小组应结合事故类别,立即启动相应现场处置方案,判定预警级别是否超过现场级预警。若超过,则上报公司应急指挥部并请求启动公司级响应。

(2)应急指挥部接到报告后,应立即研判预警级别,若预警级别超过公司级,应急指挥部应立即启动综合、专项应急预案,并报告××市应急管理局。

(3)启动专项应急预案后,若事故仍不能得到有效控制,或者有继续扩大趋势,或者可能影响到周边社区时,预警级别超过公司级,则由公司应急总指挥请求××应急管理局启动应急响应并给予支援。上级应急救援队伍到达前,总指挥负责指挥现场应急救援行动,上级应急救援队伍到达后,总指挥负责向上级应急救援队伍负责人交代现场情况,服从上级应急救援队伍的具体指挥。

事故信息(一般事故)由事故现场指挥部及时提供,经应急救援指挥部核实后,由指定的新闻发言人本着及时、准确的原则进行发布。

事故信息(较大及以上事故)由事故现场指挥部及时提供,经应急救援指挥部核实后,报告政府有关部门,必须由政府部门向新闻媒体通报事故的相关信息。

4.应急处置

明确事故现场的警戒疏散、人员搜救、医疗救治、现场监测、技术支持、工程抢险及环境保护方面的应急处置措施,并明确人员防护的要求。

【示例】某公司综合应急预案中应急处置的描述

公司具体应急处置流程如表4-3所示。

表4-3　公司具体应急处置流程

序号	任务	工作内容	应急组织
1	现场确认	①确认、了解事故现场状况 ②人员受伤情况 ③事故起因、事态发展情况 ④事故区域及周边潜在风险情况	应急领导小组
2	警戒疏散	①确定警戒区域范围 ②安排人员实施警戒工作 ③维持现场秩序 ④引导人员疏散 ⑤清点疏散人员,报告应急指挥部	后勤保障组
3	救援方案确定、实施	①组织专家制订应急救援方案 ②下达应急救援指令 ③应急组在专家指导下实施救援	应急领导小组
4	医疗救治	①安排、引导救护车辆 ②调集医疗救护类物资 ③现场救护 ④安排人员护送受伤人员就医	后勤保障组

续表

序号	任务	工作内容	应急组织
5	现场监测	①事故现场易燃易爆、有毒有害物浓度检测 ②事故产生的污染物浓度监测	抢险救援组
6	环境保护	采取措施防止污染扩大	抢险救援组
7	信息发布	①指定专人汇总事故信息 ②经应急领导小组组长审批后发布事故信息	信息处置组
8	后勤保障	①调配车辆、应急物资、人员 ②安排人员引导外来救援车辆 ③配置应急通信工具 ④根据需要安排救援人员饮食	后勤保障组

注意事项：根据需要，救援人员必须穿戴防护用品。

5.应急支援

明确当事态无法控制时，向外部（救援）力量请求支援的程序及要求、联动程序及要求，以及外部（救援）力量到达后的指挥关系。

【示例】某公司综合应急预案中应急支援的描述

研判本公司救援力量无法控制事故状态时，通信联络组组长应联系外部救援单位，通知应急管理部门、医疗卫生部门、环保部门请求支援，并做好接引、告知、配合等工作。

待外部救援力量未到且灾害尚在可控状态或未危及抢险救援人员生命安全时，本公司仍应进行相应救援。当事故现场灾害出现失控状态或危及抢险救援人员生命安全时，现场应急指挥部应立即指挥现场全部人员撤离至安全区域、封锁危险区域、实施交通管制，防止事件扩大。

6.应急终止

明确响应终止的基本条件、要求和责任人。

【示例】某公司综合应急预案中应急终止的描述

现场应急指挥部确认应急状态符合以下条件时，可以解除：

（1）事故已得到控制，没有导致次生、衍生事故的隐患。

（2）没有被困人员，事故现场人员已疏散到安全地带。

（3）受伤人员已全部从事故现场救出，并送到医院进行救治，没有失踪人员（包括救援人员）。

（4）环境受到污染经处理后，应符合国家及行业有关标准。

应由现场指挥部负责人或委托人决定并发布响应终止解除命令。解除方式为以电话或短信方式通知应急领导小组成员。（模板：经现场指挥部研究决定，关闭生产安全事故应急预案。）

四、后期处置

主要明确污染物处理、生产秩序恢复、医疗救治、人员安置、善后赔偿、应急救援评估等内容。

【示例】某矿业公司综合应急预案中后期处置的内容

(1)生产秩序恢复

①详细检查事故地点有无隐患,并确认通风系统良好。

②检查井下巷道和采掘工作面的有害气体含量,若超过规定,要按排放瓦斯的安全措施处理。

③修复因事故而破坏的通风系统,并对巷道进行必要的支护。

④检查电气设备的防爆性能,不能出现失爆,经瓦斯检查符合规定,可按顺序送电。

⑤修复因事故而破坏的运输轨道、架线、排水设施以及巷道。

(2)善后处理

善后处理按照国家和××省有关规定对工伤员工进行积极的治疗,妥善安排好员工生活,对死亡员工发放丧葬补助金、供养亲属抚恤金、一次性工亡补助金等。

(3)事故调查

科学总结事故发生的内、外原因,研究事故发生的规律,总结事故发生的教训,制订预防重复发生事故的措施,防止类似事故再次发生。

(4)事故处理

坚持事故处理“四不放过”原则,事故总结要以确定的事故发生原因和事故性质为依据,从上到下把住每一个环节,层层总结事故教训。

(5)应急救援能力评估及预案修订

根据事故及抢险救灾过程中出现的问题,应急救援指挥部对应急救援能力进行客观评估,并对预案进行针对性的修订,确保预案的可操作性、针对性、科学性。

五、应急保障

应急救援行动快速、有效的开展离不开充足的人力、物资、技术等方面的保障,生产经营单位需建立完善的应急保障体系,要明确与应急工作相关的单位或人员的通信方式,确保应急期间信息通畅;明确应急装备(设施)数量、名称、用途、负责人及存放位置等,并保证其有效性;明确各类应急人力资源,包括专、兼职应急队伍、应急专家等。此部分内容的编制,要结合前期应急资源调查的内容,以提高工作效率。

1.通信与信息保障

明确可为本单位提供应急保障的相关单位或人员的通信联系方式和方法,并提供备用方案。同时建立信息通信系统及维护方案,确保应急期间信息通畅。

2.应急队伍保障

应急队伍保障,主要指的是紧急情况下第一时间能够动员的专(兼)职人员,其应急专业能力水平要满足救援要求。编制预案时,要明确应急响应的人力资源,包括应急专家、专(兼)职应急救援队伍等。

3. 物资装备保障

明确生产经营单位的应急物资和装备的类型、数量、性能、存放位置、运输及使用条件、管理责任人及其联系方式等内容。

4. 其他保障

根据应急工作需求而确定的其他相关保障措施(如经费保障、交通运输保障、治安保障、技术保障、医疗保障、后勤保障等)。

【示例】某公司综合应急预案中应急保障的内容

工厂应急保障分为通信与信息保障、应急队伍保障、物资装备保障、经费保障、交通运输保障、治安保障、后勤保障和外部依托资源保障。

(1)通信与信息保障

工厂安全生产应急工作组组长必须保持24小时开启手机,确保信息畅通,各单位通信与信息名单详见附件×。

(2)应急队伍保障

工厂建立了抢险救援行动组、技术专家组、医疗保障救护组、安全警戒疏散组和后勤物资保障组,由生产安全应急领导小组调度指挥,必要时可向公司总部申请支援,应急队伍名单详见附件×。

(3)物资装备保障

①工厂安排应急专项经费并确保经费充足,用于生产安全事故的应急救援,并保证资金及时到位。

②综合计划科设立应急救援专用账户,编制应急专项费用计划,保证应急管理运行和应急中各项活动的开支。

③工厂根据现场应急需求,配置应急车辆、设备、工具等应急物资,每年按照工厂实际情况补充、更新。工厂设置应急仓库,存放应急救援物资,相关物资清单详见附件×。

(4)外部依托资源保障

①工厂与东风总医院建立了医疗绿色通道,相距4.8 km,专业救护人员15 min可到达事故现场,确保受伤人员得到及时有效的救治。

②工厂距××市公安局××分局消防大队3.6 km,专业消防人员8 min内可到达事故现场。

③工厂距东风燃气公司4 km,专业抢修人员9 min内可到达现场。

④工厂距市环保局6.1 km,专业检测人员18 min内可到达事故现场。外部依托资源详见附件×。

【任务小结】

本单元任务主要学习了生产经营单位综合应急预案的编制内容和要求等。学生通过该任务的学习,需全面掌握生产经营单位综合应急预案编制工作的要求,具备不同类型生产经营单位综合应急预案编制的能力。

【思考讨论】

(1)综合应急预案的编制内容包含哪些要素?

（2）在编制综合应急预案时，“应急保障”一般包含哪几个方面？

（3）在编制综合应急预案时，“应急响应”一般包含哪几个方面的工作？

【学习评价】

任务学习效果评价表见表4-4。

表4-4　任务学习效果评价表

技能要点	评价关键点	分值	自我评价（20%）	小组互评（30%）	教师评价（50%）
综合应急预案内容要素	熟练掌握综合应急预案的内容要素构成	20			
内容要素编制注意事项	掌握各要素编制时的要求和重点	20			
格式排版	能进行综合应急预案规范化排版	10			
综合运用	能结合给定选题，完成综合应急预案编制	50			
总得分		100			

任务二　专项应急预案编制

【任务实施】

专项应急预案是生产经营单位为应对某一种或者多种类型生产安全事故，或者针对重要生产设施、重大危险源、重大活动而制定的防止生产安全事故的专项工作方案。专项应急预案在应急程序和内容上更趋于具体和有针对性。

专项应急预案与综合应急预案中的应急组织机构、应急响应程序相近时，可不编写专项应急预案，相应的应急处置措施并入综合应急预案。

本节根据国家标准《生产经营单位生产安全事故应急预案编制导则》(GB/T 29639—2020)的具体要求，讲述生产经营单位专项应急预案的组成结构及各要素的编制内容和要求。

下面分别介绍各构成要素编制的内容及要求，专项应急预案的主要内容见表4-5。

表4-5　专项应急预案构成及编制内容要求

序号	编制要素	基本要求
1	适用范围	说明专项应急预案适用的范围以及和综合应急预案的关系
2	应急组织机构及职责	明确应急组织形式(可用图示)及构成单位(部门)的应急处置职责。应急组织机构及各成员单位或人员的具体职责。应急组织机构可设置相应的应急工作小组，各小组具体构成、职责分工及行动任务建议以工作方案的形式作为附件。
3	响应启动	明确响应启动后的程序性工作，包括应急会议召开、信息上报、资源协调、信息公开、后勤及财力保障工作
4	处置措施	针对可能发生的事故风险、事故危害程度和影响范围，制定相应的应急处置措施，明确处置原则和具体要求
5	应急保障	根据应急工作需求，明确具体保障内容

1.适用范围

说明专项应急预案适用的范围及其与综合应急预案的关系。

【示例】某公司专项应急预案中适用范围的内容

本预案适用于公司内发生的火灾事故，具体包括：

(1)电器火灾

项目内部生产区、生活区的配电设施(配电箱、配电线路等)所引起的火灾。

(2)物资火灾

①生产区物资仓库：木材、塑料、橡胶、土工布、帆布、电缆、油品等易燃易爆物品。

②生活区物资仓库：办公用品、日用品。

③员工宿舍：衣物、床上用品。

2.应急组织机构及职责

明确应急组织形式（可用图示）及构成单位（部门）的应急处置职责。应急组织机构及各成员单位或人员的具体职责。应急组织机构可设置相应的应急工作小组，各小组具体构成、职责分工及行动任务建议以工作方案的形式作为附件。

综合应急预案中的“应急组织机构及职责”，对企业内部的应急组织体系做了相应安排，对主要应急人员工作职责做了规定，凡在综合应急预案已经明确的，在专项预案不必重复描述，在综合应急预案中没有对应急工作部门（小组）和相关人员职责进行明确的，需在专项应急预案中加以明确。

【示例】某公司火灾专项应急预案中应急指挥机构及职责的内容

（1）应急指挥领导小组组成及职责

指挥领导小组组成：

组长：×××

副组长：×××

成员：×××、×××、×××

发生重大事故时，以指挥领导小组为中心，负责公司应急救援工作的组织和指挥，总指挥外出时，副总指挥全权负责应急救援指挥工作。

应急指挥领导小组主要职责：

①贯彻执行国家、当地政府、上级有关部门关于安全的方针、政策及规定。

②组织制订本单位生产安全事故应急预案。

③组织建立公司内部应急救援队伍。

④负责组织落实应急物资资源的储备。

⑤检查、督促做好生产安全事故的预防措施和应急救援的各项准备工作。

⑥负责组织预案的审批、更新及评审。

⑦批准本预案的启动与终止。

⑧确定现场指挥人员。

⑨协调事故现场的有关工作。

⑩负责应急队伍的调动和资源配置。

⑪生产安全事故的信息上报及可能受影响区域的通报工作。

⑫负责应急状态下请求外部救援力量的决策。

⑬接受上级应急救援指挥机构的指令和调动，协助事故的处理；配合有关部门做好事故调查、经验教训总结。

⑭负责组织保护事故现场及相关证据。

⑮有计划地组织实施生产安全事故应急救援的培训，根据应急预案进行演练。

（2）应急救援小组的组成及职责

公司各部门和全体员工都负有生产安全事故应急救援的责任，各专业救援队伍是应急救援的骨干力量，担负着公司各类生产安全事故的救援和处置工作。

通信联络组（责任人：×××）职责：

①保持内外通信畅通，接警后迅速通知应急指挥部及相关部门。

②指挥部下达指令后迅速传达至各救援专业组及有关部门。

③接受指挥部指令,对外信息发布。

④车辆调度,做好应急行动的后勤保障。

医疗救护组(责任人:×××)职责:

①掌握厂区内危险物质对人体危害的特性及相应的医疗急救措施。

②储备足量的急救器材和药品,并保证能随时取用。

③事故发生后,应迅速做好准备工作,根据受伤症状及时采取相应的急救措施,重伤员及时转送急救中心抢救。

④当厂区急救力量无法满足需求时,及时拨打120电话请求救援。

警戒保护组(责任人:×××)职责:

①掌握疏散程序和逃生方法,经常性参与灭火和疏散演练;熟悉本单位疏散通道和安全出口位置;负责全体员工基本疏散逃生技能的培训。

②划定警戒区域,指挥抢救车辆行驶路线。

物资供应组(责任人:×××)职责:

①接到报警后,根据现场需要,及时提供抢险救灾物资。

②根据事故程度,及时向外单位联系,调剂物资、工具等。

③负责抢险救灾物资的运送。

抢险救灾组(责任人:×××)职责:

①负责事故现场的抢险救灾工作。

②负责灭火、抢险事故现场的洗消去污、防毒处理,为恢复生产做好准备。

③保护事故现场,配合事故调查人员取证。

3.响应启动

明确响应启动后的程序性工作,包括应急会议召开、信息上报、资源协调、信息公开、后勤及财力保障工作。此部分内容建议采用程序图直观表达,如图4-3所示。

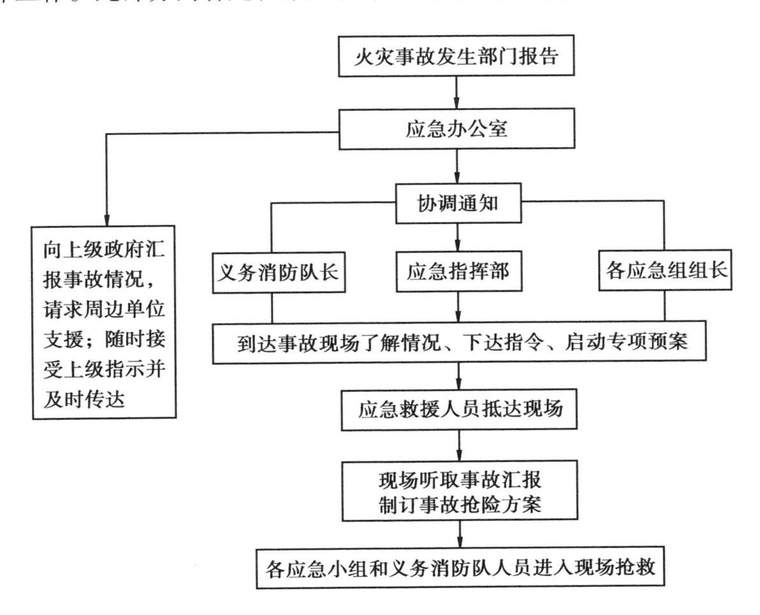

图4-3　专项预案处置程序图

4.处置措施

针对可能发生的事故风险、事故危害程度和影响范围,制定相应的应急处置措施,明确处置原则和具体要求。结合具体事故特点及单位实际,综合考虑各类应急资源,制定针对性的应急处置措施(如火灾事故应急处置措施、危险化学品泄漏、中毒等事故应急处置措施等)。

例如处置液化气泄漏事故,抢险人员到场后,其主要任务是第一时间抢救受困人员,防止燃烧爆炸,迅速排除险情。要完成这些任务,必须坚持"先控制火源,后制止泄漏"的处置原则。先控制火源就是抢险人员到达现场后,要集中力量控制各类火源的产生,消除扩散区内的一切火种,为及时排险堵漏创造有利条件。具体措施:对于扩散区,电器要保持原来的状态,不要开或关;对靠近扩散区的地段,要切断电源;对进入扩散区的排险人员,严禁穿戴钉鞋和化纤衣服,严禁使用金属工具碰撞,以免产生火花、火星;抢险车辆要停在上风向和地势较高处,必须安装防火罩;在周围所有火种均消除的条件下,组织精干力量,堵漏防泄,达到全面、彻底消除险情的目的。

【示例】应急处置原则

(1)生命至上原则

在处置事故过程中首先要保护人的安全,一是首先要想尽办法抢救受伤人员,将他们转移到安全地方,或迅速送到医院治疗;二是要做好未受伤人员的安全撤离;三是要做好救援人员的自身安全防护。

(2)有效、快速、经济原则

在保证人员安全的前提下,处置方案应符合有效、快速、经济地控制事态发展的原则,以最有效的措施快速控制事故,减少伤亡和损失。

(3)统一指挥原则

应急预案应当贯彻统一指挥的原则。各类事故具有意外性、突发性、扩展迅速、危害严重的特点,在紧急情况下,多头领导会导致一线救援人员无所适从,贻误战机。因此,救援工作必须坚持集中领导、统一指挥的原则。

(4)单位自救和社会救援相结合的原则

在确保单位人员安全的前提下,应急预案应当体现单位自救和社会救援相结合的原则。单位熟悉自身各方面情况,又身处事故现场,有利于初起事故的救援,将事故消灭在初始状态。单位救援人员即使不能完全控制事故的蔓延,也可以为外部救援赢得时间。

【示例】储罐泄漏事故应急处置措施

(1)发生泄漏后,及时开启备用储罐,将泄漏储罐内的物料向备用储罐转移,以降低液位和压力。

(2)画出防火、防爆警戒线。

(3)对泄漏储罐周围的其他储罐开启消防用水喷淋,做好防火保护。

(4)命令排险人员备好堵漏器具,做好堵漏工作准备。

(5)通知消防队实施顶水作业。

(6)由储罐的操作人员控制进水阀门,注意液位和压力控制,严禁超压,配合消防队员顶水作业。

(7)当顶水作业达到预期效果时,堵漏人员做好个人防护,携带相应夹具、注胶器及密封胶进入现场开始堵漏。

(8)堵漏人员将堵漏夹具固定在泄漏部位,用螺栓固定,待完全固定后,用事先填好密封胶的注胶器向夹具的预留孔内注入密封胶。

(9)当泄漏量逐渐减少至消失时,检查夹具固定妥善有效,可以认为堵漏工作基本完成,此时要停止向泄漏点顶水,停止向其他储罐喷淋,并撤回器材,向上级报告。

5.应急保障

根据应急工作需求,结合事故特点及企业实际,明确具体保障内容,确保应急措施的正常实施。

【任务小结】

本单元任务主要学习了生产经营单位专项应急预案的编制要素、要求。学生通过该任务的学习,需明确专项应急预案同综合应急预案的区别,掌握专项应急预案编制的工作要求,具备不同类型事故专项应急预案编制的能力。

【思考讨论】

(1)专项应急预案应如何理解?

(2)专项应急预案的编制要素主要包含哪几个方面?

【学习评价】

任务学习效果评价表见表4-6。

表4-6　任务学习效果评价表

技能要点	评价关键点	分值	自我评价(20%)	小组互评(30%)	教师评价(50%)
专项应急预案内容要素	熟练掌握专项应急预案的内容要素构成	20			
内容要素编制注意事项	掌握各要素编制时的要求和重点	20			
格式排版	能进行专项应急预案规范化排版	10			
综合运用	能结合给定选题,完成专项应急预案编制	50			
总得分		100			

任务三　现场处置方案编制

【任务实施】

现场处置方案是针对具体的装置和设施、工作场所或重点岗位而制定的应急处置措施。现场处置方案应简明具体、针对性强。编制时，应根据岗位操作规程、风险评估及危险性控制措施，合理选择现场作业人员、安全管理人员及工艺技术人员等专业人员共同参与。

根据《生产经营单位生产安全事故应急预案编制导则》(GB/T 29639—2020)规定，现场处置方案的内容包括：事故风险描述、应急工作职责、应急处置、注意事项。各部分的编制内容及要求见表4-7所示。

表4-7　现场处置方案的编制内容要求

序号	编制要素	基本要求
1	事故风险描述	简述事故风险评估的结果(可用列表的形式列在附件中)
2	应急工作职责	明确应急组织分工和职责
3	应急处置	主要包括：①应急处置程序；②现场应急处置措施；③明确报警负责人和报警电话，上级管理部门、相关应急救援单位联络方式和联系人员，事故报告基本要求和内容
4	注意事项	主要包括人员防护和自救互救、装备使用、现场安全等方面内容

1.事故风险描述

从范围上讲，现场处置方案中的事故风险描述应具体到可能发生事故的场所、区域、装置、设施、岗位等。事故风险描述的主要内容包括：事故类型；事故发生的区域、地点、装置名称；事故发生的可能时间、危害程度、危害范围；事故前可能出现的征兆；事故发生后可能引发的次生、衍生事故等。可用表格的形式直观描述，如表4-8所示。

2.应急工作职责

预警信息发出后，现场工作人员是事故应急的第一响应者，其响应是否及时、处置行为是否科学直接关系着事故能否被消灭在初始状态。编制现场处置方案时，要根据现场工作岗位情况及人员构成，明确现场各岗位人员的应急工作职责，合理分工。现场应急组织最好以相对独立的基层单位来安排，如车间、工段、项目、班组、重点岗位或大型设备等。

表4-8　事故风险分析评估汇总表

序号	事故类型	事故发生区域、地点、装置	事故征兆及可能发生原因	严重程度、影响范围及可能引发的次生、衍生事故	风险等级	对应处置措施编号	对应处置任务编号
1	中毒窒息	燃气管线 施工现场 化粪池 锅炉房	作业前未经管理部门审批、作业人员违反操作规程、有毒气体泄漏或超标、作业人员操作不当引起工作环境缺氧或存在有毒有害气体	本单位及外来作业人员晕倒、休克甚至死亡	一般（黄）	×××	×××
2	物体打击	商场公共区域 外幕墙 施工现场 设备机房	高处悬挂物体断裂、外幕墙墙体或玻璃破裂、施工现场以及设备机房内使用工具不当	本单位及周边人员受伤（轻伤、重伤）甚至死亡	较大（橙）	×××	×××
3	车辆伤害	停车场 停车场出入口	无警示标识或车辆指引标识、驾驶员疲劳驾驶、醉酒、注意力不集中、行人穿行未避让车辆	本单位及周边机动车与机动车相撞造成人员伤亡、机动车撞到行人造成人员伤亡	低（蓝）	×××	×××

3.应急处置

应急处置主要包括事故应急处置程序、现场应急处置措施、事故报告三方面的内容。

（1）事故应急处置程序。根据可能发生的事故及现场情况，明确事故报警、各项应急措施启动、应急救护人员的引导、事故扩大等与生产经营单位应急预案衔接的程序。

（2）现场应急处置措施。针对可能发生的火灾、爆炸、中毒、窒息、危险化学品泄漏、坍塌等事故，从事故控制、人员救护、工艺操作、现场恢复等方面制定具体的应急处置措施。

（3）事故报告。明确报警负责人及24小时报警电话，明确上级管理部门、相关应急救援单位联络人员和联系方式，明确事故报告的内容和基本要求等。

【示例】某公司现场处置方案中应急处置的内容

（1）应急处置程序

应急处置程序如图4-4所示。

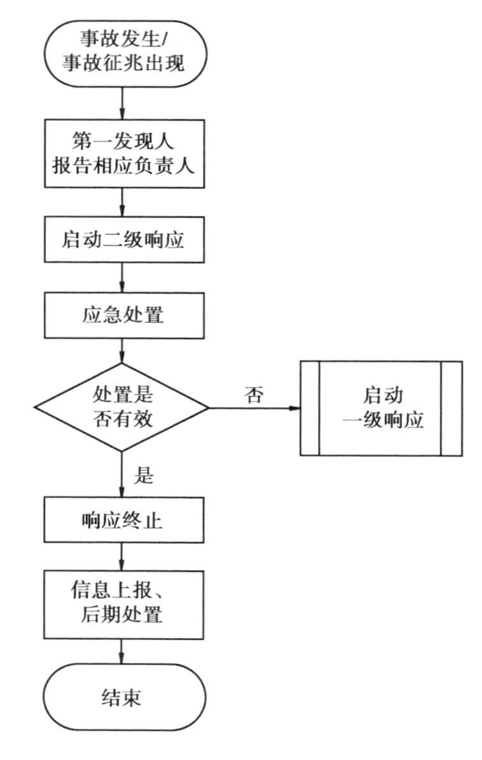

图4-4　应急处置程序图

(2)现场应急处置措施

酒精库火灾处置措施见表4-9。

表4-9　酒精库火灾处置措施

<table>
<tr><th>现象、原因、注意事项</th><th>处置、操作步骤</th><th>负责人</th></tr>
<tr><td rowspan="6">现象:有火光或者浓烟
原因:泄漏或挥发遇明火或高温
注意事项:
①火势较大时,应在较远处使用消防水进行灭火
②警戒范围应根据火势发展情况,最大限度保证安全</td><td>①事故发生后,立即报告生产部经理</td><td>第一发现人</td></tr>
<tr><td>②启动二级响应,安排3组救援人员:
A组就近取用灭火器,前往事故现场救援
B组就近接好消防水带、消火栓,准备支援
C组取用警戒带,赶往现场,逐级上报至公司应急领导小组办公室</td><td>生产部经理
电话:××××××</td></tr>
<tr><td>③使用灭火器进行灭火,视情况使用消防水灭火和降温</td><td>救援组A、B</td></tr>
<tr><td>④拉警戒带,对酒精库周围进行警戒</td><td>救援组C</td></tr>
<tr><td>⑤明火熄灭后,持续进行现场观察;向设备保障部经理报告,逐级上报至公司应急领导小组办公室</td><td>救援组
电话:××××××</td></tr>
<tr><td>⑥现场观察30分钟无复燃现象,响应终止;逐级上报至公司应急领导小组办公室</td><td>生产部经理
电话:××××××</td></tr>
<tr><td>扩大应急</td><td>如果5分钟内不能扑灭明火,则立即上报生产部经理,申请启动一级响应</td><td>生产部经理
电话:××××××</td></tr>
</table>

配电箱、配电柜火灾处置措施见表4-10。

表4-10　配电箱、配电柜火灾处置措施

<table>
<tr><th>现象、原因、注意事项</th><th>处置、操作步骤</th><th>负责人</th></tr>
<tr><td rowspan="5">现象:发热、打火、产生明火及浓烟,造成局部停电
原因:线路过载发热、老化短路起火
注意事项:
①电气火灾扑救首先应切断该部位电源,消除触电危险
②参与灭火救援人员必须具备消防应急技能(掌握消防栓、灭火器等使用方法),扑救时应处于着火点上风向
③现场参与灭火救援人员应将确保自身安全放在首位,如发现火势失控或危及自身安全时应及时撤离
④火灾扑救结束后,应继续加强现场巡查,防止复燃</td><td>①发现事故后,立即向相应的车间主任报告(屠宰车间报告屠宰车间主任、分割车间报告分割车间主任、小分割车间报告小分割车间主任、鲜品库报告鲜品车间主任、冻库报告冻品车间主任)</td><td>第一发现人</td></tr>
<tr><td>②启动二级响应,安排两组救援人员,A组就近取用灭火器,前往事故现场救援;B组就近接好消防水带、消火栓,准备支援,通知上级配电值班人员,切断起火处的电源,向设备保障部经理报告,逐级上报至公司应急领导小组办公室</td><td>屠宰/分割/小分割/冻品/鲜品车间主任
电话:××××××</td></tr>
<tr><td>③使用二氧化碳灭火器灭火,视情况使用消防水灭火</td><td>救援人员</td></tr>
<tr><td>④明火熄灭后,持续进行现场观察;向设备保障部经理报告,逐级上报至公司应急领导小组办公室</td><td>救援人员
电话:××××××</td></tr>
<tr><td>⑤现场观察30分钟无复燃现象,响应终止;向设备保障部经理报告,逐级上报至公司应急领导小组办公室</td><td>屠宰/分割/小分割车间主任/生产部经理
电话:××××××</td></tr>
<tr><td>扩大应急</td><td>如果5分钟内不能扑灭明火,则立即上报至现场处置小组组长及生产部经理处,申请启动一级响应。</td><td>屠宰/分割/小分割车间主任/生产部经理
电话:××××××</td></tr>
</table>

4.注意事项

现场处置方案中的注意事项主要包括:

(1)个人防护器具佩戴方面的注意事项。

(2)使用抢险救援器材方面的注意事项。

(3)采取救援对策或措施方面的注意事项。

(4)现场自救和互救的注意事项。

(5)现场应急处置能力确认和人员安全防护等事项。

(6)应急救援结束后的注意事项。

(7)其他需要特别警示的事项。

【任务小结】

本单元任务主要学习了生产经营单位现场处置方案的编制要素及要求。学生通过该任务的学习，需明确现场处置方案的适用范围、编制侧重点等。通过学习及实训，学生应具备一般生产安全事故现场处置方案编制的能力。

【思考讨论】

(1)现场处置方案的定义是什么，应如何理解？

(2)现场处置方案的编制要素主要包含哪几个方面？

【学习评价】

任务学习效果评价表见表4-11。

表4-11　任务学习效果评价表

技能要点	评价关键点	分值	自我评价(20%)	小组互评(30%)	教师评价(50%)
现场处置方案内容要素	熟练掌握现场处置方案的内容要素构成	20			
内容要素编制注意事项	掌握各要素编制时的要求和重点	20			
格式排版	能进行现场处置方案规范化排版	10			
综合运用	能结合给定选题，完成现场处置方案编制	50			
总得分		100			

任务四　应急处置卡编制

【任务实施】

《生产安全事故应急预案管理办法》第十九条规定：生产经营单位应当在编制应急预案的基础上，针对工作场所、岗位的特点，编制简明、实用、有效的应急处置卡。

为突出应急预案的实用性，企业应当在应急预案编制的基础上，针对工作场所、岗位的特点，编制简明、有效、实用、便于携带的应急处置卡。按照使用对象划分，生产安全事故应急处置卡可分为应急组织机构功能组应急处置卡和重点岗位人员应急处置卡两种类型。在内容上，生产安全事故应急处置卡应包括人员组成、处置程序和措施、联络人员及联系方式、注意事项等。

1. 功能组应急处置卡

各应急组织功能组在职责分工上有所不同，编制时在处置程序、处置要点、内外部人员协调等方面要有所侧重，应急领导小组应急处置卡见表4-12，医疗救护组应急处置卡见表4-13所示。

表4-12　应急领导小组应急处置卡

组成	领导班子成员	
组长	主任	
序号	处置程序	处置要点
1	指挥协调	召开应急处置现场会，确定应急处置方案
2	响应启动	根据现场情况，启动相关应急响应
3	信息上报	将现场情况按要求向公司报告
4	资源配置协调	协调内部应急人员、物资调配
5	应急响应结束	根据现场处置情况发布响应结束指令
注意事项		
信息上报内容包括： （1）事故发生的时间、地点以及现场情况 （2）事故的简要经过 （3）已经造成或者可能造成的伤亡人数（包括下落不明的人数） （4）初步估计的直接经济损失、环境影响、社会影响 （5）事故发展趋势和已经采取的措施等情况		

续表

单位内部联系方式				
机构名称	姓名	职务	办公电话	移动电话
应急领导小组		主任		
		副主任		
		主任助理		
综合协调组		安全管理部经理		
		安全管理部副经理		
		安全管理部主任		
医疗救护组		综合部副经理		
		综合部成员		
		综合部成员		
		综合部成员		
		综合部成员		
警戒疏散组		物流部经理		
		仓储班长		
		码头班长		
		安全管理道口班长		
		经营部副经理		
应急抢险组		消防主管		
		物流部司机班长		
		安全管理部主管		
		物流部维修班长		
		经营部班长		
后勤保障组		综合部副经理		
		综合部成员		
		综合部成员		
		财务部副经理		
		财务部成员		
上级公司联系方式				
机构名称	姓名	职务	办公电话	移动电话
×××贸易公司		质量与安全部经理		
		质量与安全部成员		
		质量与安全部成员		
		质量与安全部成员		

续表

政府相关部门及社会救援力量联系方式			
机构名称	联系人	办公电话	移动电话
市安委会办公室			
人民政府值班室			
市应急管理局			
公安			
消防			
医疗			
市蓝天救援队			

表4-13　医疗救护组应急处置卡

组成				
组长				
序号	处置程序	处置要点		
1	信息上报	向综合协调组报告事故发生情况,实时报告伤员处置情况		
2	伤员处置	对受伤的伤员进行临时处置,将伤员搬离事故地点		
3	请求外部救援	若伤员伤势过重,立即拨打120		
注意事项				
(1)医疗救护组人员日常情况下必须24小时开机，保证随时取得联系 (2)及时检查和更新医疗设备及药品，提高自己的医疗水平				
主要应急资源： 对讲机、担架、医疗救援箱				
单位内部联系方式				
机构名称	姓名	职务	办公电话	移动电话
应急领导小组		主任		
		副主任		
		主任助理		
综合协调组		安全管理部经理		
		安全管理部副经理		
		安全管理部办公室主任		
医疗救护组		综合部副经理		
		综合部成员		
		综合部成员		
		综合部成员		

续表

机构名称	姓名	职务	办公电话	移动电话
警戒疏散组		物流部经理		
		仓储班长		
		码头班长		
		安全部道口班长		
		安全部道口成员		
		经营部副经理		

2. 重点岗位人员应急处置卡

编制重点岗位人员应急处置卡时，要结合单位应急预案中的职责分工以及人员工作任务、岗位特点等进行综合考虑（如编制时要考虑一旦发生事故，本岗位以外哪些组织和人员同本岗位人员联系紧密，应急处置卡上要有所体现）。重点岗位人员应急处置卡示例如表4-14所示。

表4-14　某公司化工库班长应急处置卡

<table>
<tr><td>组成</td><td colspan="2">组员：化工库班长</td></tr>
<tr><td>序号</td><td>处置行动内容</td><td>执行情况(√)</td></tr>
<tr><td>1</td><td>负责事故发生现场本班组作业人员的警戒、隔离、疏散</td><td></td></tr>
<tr><td>2</td><td>负责事故现场前期抢险及现场安全监控</td><td></td></tr>
<tr><td>3</td><td>跟踪事故发展态势及救援情况，及时向主任报告</td><td></td></tr>
<tr><td>4</td><td>执行重点设备保护，参与抢险</td><td></td></tr>
<tr><td colspan="3">注意事项：
(1) 非救援人员，应及时疏散到安全地点
(2) 当事故不可控时，立即组织人员撤离现场
(3) 现场人员必须穿戴必要的劳动保护用品，保证抢险人员做好个人防护</td></tr>
<tr><td colspan="3">联络人员及联系方式：
(1) 科　长：×××　　应急电话：××××××
(2) 主　任：×××　　应急电话：××××××
(3) 安全员：×××　　应急电话：××××××</td></tr>
</table>

【任务小结】

本单元任务主要学习了生产安全事故应急处置卡的编制内容。学生通过该任务的学习，需掌握应急处置卡的基本编制内容，能够区分应急组织功能组应急处置卡和重点岗位人员应急处置卡的区别和侧重等。通过学习及实训，学生应具备给定场景的生产安全事故应急处置卡编制的能力。

【思考讨论】

(1)按照使用对象划分,生产安全事故应急处置卡一般分为哪两种类型?

(2)在内容上,编制生产安全事故应急处置卡时应包括哪几个方面?

【学习评价】

任务学习效果评价表见表4-15。

表4-15　任务学习效果评价表

技能要点	评价关键点	分值	自我评价(20%)	小组互评(30%)	教师评价(50%)
应急处置卡内容要素	熟练掌握应急处置卡的内容要素构成	20			
内容要素编制注意事项	掌握不同类型应急处置卡编制时的要求和重点	20			
格式排版	应急处置卡排版美观规范，便于携带	10			
综合运用	能结合给定选题，完成应急处置卡编制	50			
总得分		100			

项目五　企业应急预案管理

【项目描述】

企业的应急预案编制完成后，还需进行评审、批准实施、备案、培训演练、修订等环节。开展应急预案培训与演练是检验预案、发现应急工作中的薄弱环节并合理完善的重要手段，也是检验应急预案有效性、科学性，锻炼应急队伍，提高各级组织应对突发事件能力的有效手段。

现实中，部分企业在应急预案管理层面存在部分问题，如未按照要求进行评审备案，导致编制的应急预案针对性差，可操作性不强。在应急预案培训与演练环节同样存在一些问题：一是个别企业把应急预案当摆设，预案“编”而不“用”，束之高阁，基层员工对应急预案不甚了解，造成实战演练效果差；二是部分企业的演练方式和内容过于简单化，演练类型单一，无法真正检验预案的可操作性。

本项目主要学习企业如何开展应急预案评审、批准与实施、培训与演练等工作。重点培养学生应急培训和应急演练活动的组织与实施能力。

【学习目标】

知识目标：

(1)熟悉应急预案评审、备案、培训与演练的法律要求及工作内容。

(2)掌握应急培训组织与实施的基本内容和注意事项。

(3)掌握应急演练组织与实施的基本内容和注意事项。

技能目标：

(1)具备组织与实施应急培训活动的能力。

(2)具备组织与实施应急演练活动的能力。

素养目标：

(1)培养学生团队协助、团队互助的意识。

(2)形成良好的文献资料查阅与运用能力。

(3)培养学生自我学习的习惯和能力。

任务一　应急预案评审与实施

【任务实施】

应急预案评审是应急预案管理工作中非常重要的一个环节,通过评审来发现应急预案存在的不足及不当之处并及时纠正,提高预案可操作性,满足应急预案发布和实施的要求。因此,应急预案评审是应急预案编制或修订完成后,决定应急预案能否实施的关键步骤。应急预案评审采取形式评审和要素评审两种方法,形式评审主要用于应急预案备案时的评审,要素评审用于生产经营单位组织的应急预案评审工作。应急预案评审采用符合、基本符合、不符合三种意见进行判定。对于基本符合和不符合的项目,应给出具体修改意见或建议。应急预案经评审合格后,由生产经营单位主要负责人(或分管负责人)签发实施,并向规定部门进行备案管理。

一、应急预案评审基本要求

1.评审的法律要求

《生产安全事故应急预案管理办法》提出了应急预案评审的具体要求,主要内容如下:

(1)地方各级人民政府应急管理部门应当组织有关专家对本部门编制的部门应急预案进行审定。必要时,可以召开听证会,听取社会有关方面的意见。

(2)矿山、金属冶炼、建筑施工企业和易燃易爆物品、危险化学品等危险物品的生产、经营、储存、运输企业、使用危险化学品达到国家规定数量的化工企业、烟花爆竹生产、批发经营企业和中型规模以上的其他生产经营单位,应当对本单位编制的应急预案进行评审,并形成书面评审纪要。其他生产经营单位应当对本单位编制的应急预案进行论证。

(3)参加应急预案评审的人员应当包括有关生产安全及应急管理方面的专家。评审人员与所评审应急预案的生产经营单位有利害关系的,应当回避。

(4)应急预案的评审或者论证应当注重基本要素的完整性、组织体系的合理性、应急处置程序和措施的针对性、应急保障措施的可行性、应急预案的衔接性等内容。

2.评审目的

通过评审,及时发现应急预案存在的问题,完善应急预案体系;提高应急预案的针对性、实用性和操作性;增强事故防范和应急处置能力;确保预案的充分性、应急设备的保障能力及应急人员的操作能力;实现生产经营单位应急预案与相关单位应急预案衔接等。

3.评审依据

(1)国家及地方有关法律、法规、规章和标准,相关方针、政策和文件,如《生产安全事故应急预案管理办法》《生产经营单位生产安全事故应急预案编制导则》等。

(2)地方政府、上级主管部门以及本行业有关应急预案及应急措施要求。

(3)生产经营单位可能面临的事故风险和生产安全事故应急处置能力。

4. 评审原则

（1）实事求是，符合生产经营单位的应急管理工作实际。

（2）对照相关标准，发现预案中存在的问题与不足。

（3）依靠专家、综合评定，及时补充完善应急预案。

5. 评审时间

《生产安全事故应急预案管理办法》第三十五条规定，应急预案编制单位应当建立应急预案定期评估制度，对预案内容的针对性和实用性进行分析，并对应急预案是否需要修订作出结论。矿山、金属冶炼、建筑施工企业和易燃易爆物品、危险化学品等危险物品的生产、经营、储存企业、使用危险化学品达到国家规定数量的化工企业、烟花爆竹生产、批发经营企业和中型规模以上的其他生产经营单位，应当每三年进行一次应急预案评估。

应急预案评估可以邀请相关专业机构或者有关专家、有实际应急救援工作经验的人员参加，必要时可以委托生产安全技术服务机构实施。

因此，应急预案的评审、修订时间选择可以遵循如下原则：

（1）定期评审、修订。

（2）结合培训和演习中发现的问题，对应急预案进行及时评审、修订。

（3）评估同行业重大事故的应急过程，汲取经验和教训，及时修订应急预案。

（4）国家有关应急和安全方面的方针、政策、法律、法规、规章和标准发生变化时，及时评审、修订应急预案。

（5）面临的危险源有较大变化时，及时评审、修订应急预案。

（6）根据应急预案的规定或其他现实因素，及时评审、修订应急预案。

二、应急预案评审要点及内容

1. 评审要点

《生产经营单位生产安全事故应急预案评审指南（试行）》指出，应急预案评审应结合生产经营单位工作实际，坚持实事求是的原则，按照《生产经营单位生产安全事故应急预案编制导则》和有关行业规范，从以下七个方面进行评审：

（1）合法性。符合有关法律、法规、规章和标准，以及有关部门和上级单位规范性文件要求。

（2）完整性。具备《生产经营单位生产安全事故应急预案编制导则》所规定的各项要素。

（3）针对性。紧密结合本单位危险源辨识与风险评估情况。

（4）实用性。切合本单位工作实际，与生产安全事故应急处置能力相适应。

（5）科学性。组织体系、信息报送和处置方案等内容科学合理。

（6）操作性。应急响应程序和保障措施等内容切实可行。

（7）衔接性。综合应急预案、专项应急预案和现场处置方案形成体系，各类应急预案之间相互衔接，并与相关人民政府及其部门、应急救援队伍和涉及的其他单位的应急预案相衔接。

2. 评审内容

文件《生产经营单位生产安全事故应急预案评审指南（试行）》对生产经营单位生产安全事故应急预案评审工作的实施做了总体要求，其附件对应急预案形式和要素的评审项目给出了明确要求，详见表5-1—表5-5。

表5-1　应急预案形式评审表

评审项目	评审内容及要求	评审意见
封面	应急预案版本号、应急预案名称、生产经营单位名称、发布日期等内容	
批准页	1.对应急预案实施提出具体要求 2.发布单位主要负责人签字或单位盖章	
目录	1.页码标注准确(预案简单时目录可省略) 2.层次清晰,编号和标题编排合理	
正文	1.文字通顺、语言精练、通俗易懂 2.结构层次清晰,内容格式规范 3.图表、文字清楚,编排合理(名称、顺序、大小等) 4.无错别字,同类文字的字体、字号统一	
附件	1.附件项目齐全,编排有序合理 2.多个附件应标明附件的对应序号 3.需要时,附件可以独立装订	
编制过程	1.成立应急预案编制工作组 2.全面分析本单位危险因素,确定可能发生的事故类型及危害程度 3.针对危险源和事故危害程度,制订相应的防范措施 4.客观评价本单位应急能力,掌握可利用的社会应急资源情况 5.制订相关专项预案和现场处置方案,建立应急预案体系 6.充分征求相关部门和单位意见,并对意见及采纳情况进行记录 7.必要时与相关专业应急救援单位签订应急救援协议 8.应急预案经过评审或论证 9.重新修订后评审的,一并注明	

表5-2　综合应急预案要素评审表

评审项目		评审内容及要求	评审意见
总则	编制目的	目的明确,简明扼要	
	编制依据	1.引用的法规标准合法有效 2.明确相衔接的上级预案,不得越级引用应急预案	
	应急预案体系*	1.能够清晰表述本单位及所属单位应急预案组成和衔接关系(推荐使用图表) 2.能够覆盖本单位及所属单位可能发生的事故类型	
	应急工作原则	1.符合国家有关规定和要求 2.结合本单位应急工作实际	
适用范围*		范围明确,适用的事故类型和响应级别合理	
危险性分析	生产经营单位概况	1.明确有关设施、装置、设备以及重要目标场所的布局等情况 2.需要各方应急力量(包括外部应急力量)事先熟悉有关基本情况和内容	
	危险源辨识与风险分析*	1.能够客观分析本单位存在的危险源及危险程度 2.能够客观分析可能引发事故的诱因、影响范围及后果	

续表

评审项目		评审内容及要求	评审意见
组织机构及职责*	应急组织体系	1.能够清晰描述本单位的应急组织体系(推荐使用图表) 2.明确应急组织成员日常及应急状态下的工作职责	
	指挥机构及职责	1.清晰表述本单位应急指挥体系 2.应急指挥部门职责明确 3.各应急救援小组设置合理,应急工作明确	
预防与预警	危险源管理	1.明确技术性预防和管理措施 2.明确相应的应急处置措施	
	预警行动	1.明确预警信息发布的方式、内容和流程 2.预警级别与采取的预警措施科学合理	
	信息报告与处置*	1.明确本单位24小时应急值守电话 2.明确本单位内部信息报告的方式、要求与处置流程 3.明确事故信息上报的部门、通信方式和内容时限 4.明确向事故相关单位通告、报警的方式和内容 5.明确向有关单位发出请求支援的方式和内容 6.明确与外界新闻舆论信息沟通的责任人以及具体方式	
应急响应	响应分级*	1.分级清晰,且与上级应急预案响应分级衔接 2.能够体现事故紧急和危害程度 3.明确紧急情况下应急响应决策的原则	
	响应程序*	1.立足于控制事态发展,减少事故损失 2.明确救援过程中各专项应急功能的实施程序 3.明确扩大应急的基本条件及原则 4.能够辅以图表直观表述应急响应程序	
	应急结束	1.明确应急救援行动结束的条件和相关后续事宜 2.明确发布应急终止命令的组织机构和程序 3.明确事故应急救援结束后负责工作总结部门	
后期处置		1.明确事故发生后,污染物处理、生产恢复、善后赔偿等内容 2.明确应急处置能力评估及应急预案的修订等要求	
保障措施*		1.明确相关单位或人员的通信方式,确保应急期间信息通畅 2.明确应急装备、设施和器材,其存放位置清单,以及保证其有效性的措施 3.明确各类应急资源,包括专业应急救援队伍、兼职应急队伍的组织机构以及联系方式 4.明确应急工作经费保障方案	
培训与演练*		1.明确本单位开展应急管理培训的计划和方式方法 2.如果应急预案涉及周边社区和居民,应明确相应的应急宣传教育工作 3.明确应急演练的方式、频次、范围、内容、组织、评估、总结等内容	

续表

评审项目		评审内容及要求	评审意见
附则	应急预案备案	1.明确本预案应报备的有关部门（上级主管部门及地方政府有关部门）和有关抄送单位 2.符合国家关于预案备案的相关要求	
	制订与修订	1.明确负责制订与解释应急预案的部门 2.明确应急预案修订的具体条件和时限	
注：“*”代表应急预案的关键要素。最新应急预案编制导则淡化了“总则”部分的评审内容			

表5-3 专项应急预案要素评审表

评审项目		评审内容及要求	评审意见
事故类型和危险程度分析*		1.能够客观分析本单位存在的危险源及危险程度 2.能够客观分析可能引发事故的诱因、影响范围及后果 3.能够提出相应的事故预防和应急措施	
组织机构及职责*	应急组织体系	1.能够清晰描述本单位的应急组织体系(推荐使用图表) 2.明确应急组织成员日常及应急状态下的工作职责	
	指挥机构及职责	1.清晰表述本单位应急指挥体系 2.应急指挥部门职责明确 3.各应急救援小组设置合理,应急工作明确	
预防与预警	危险源监控	1.明确危险源的监测监控方式、方法 2.明确技术性预防和管理措施 3.明确采取的应急处置措施	
	预警行动	1.明确预警信息发布的方式及流程 2.预警级别与采取的预警措施科学合理	
信息报告程序*		1.明确24小时应急值守电话 2.明确本单位内部信息报告的方式、要求与处置流程 3.明确事故信息上报的部门、通信方式和内容时限 4.明确向事故相关单位通告、报警的方式和内容 5.明确向有关单位发出请求支援的方式和内容	
应急响应*	响应分级	1.分级清晰合理,且与上级应急预案响应分级衔接 2.能够体现事故紧急和危害程度 3.明确紧急情况下应急响应决策的原则	
	响应程序	1.明确具体的应急响应程序和保障措施 2.明确救援过程中各专项应急功能的实施程序 3.明确扩大应急的基本条件及原则 4.能够辅以图表直观表述应急响应程序	
	处置措施	1.针对事故种类制订相应的应急处置措施 2.符合实际，科学合理 3.程序清晰，简单易行	

续表

评审项目	评审内容及要求	评审意见
应急物资与装备保障*	1.明确对应急救援所需物资和装备的要求 2.应急物资与装备保障符合单位实际，满足应急要求	
注：“*”代表应急预案的关键要素。如果专项应急预案作为综合应急预案的附件，综合应急预案已经明确的要素，专项应急预案可省略		

表5-4　现场处置方案要素评审表

评审项目	评审内容及要求	评审意见
事故特征*	1.明确可能发生事故的类型和危险程度,清晰描述作业现场风险 2.明确事故判断的基本征兆及条件	
应急组织及职责*	1.明确现场应急组织形式及人员 2.应急职责与工作职责紧密结合	
应急处置*	1.明确第一发现者进行事故初步判定的要点及报警时的必要信息 2.明确报警、应急措施启动、应急救护人员引导、扩大应急等程序 3.针对操作程序、工艺流程、现场处置、事故控制和人员救护等方面制订应急处置措施 4.确报警方式、报告单位、基本内容和有关要求	
注意事项	1.佩戴个人防护器具方面的注意事项 2.使用抢险救援器材方面的注意事项 3.有关救援措施实施方面的注意事项 4.现场自救与互救方面的注意事项 5.现场应急处置能力确认方面的注意事项 6.应急救援结束后续处置方面的注意事项 7.其他需要特别警示方面的注意事项	
注:“*”代表应急预案的关键要素。现场处置方案落实到岗位每个人,可以只保留应急处置		

表5-5　应急预案附件要素评审表

评审项目	评审内容及要求	评审意见
有关部门、机构或人员的联系方式	1.列出应急工作需要联系的部门、机构或人员至少两种联系方式,并保证准确有效 2.列出所有参与应急指挥、协调人员的姓名、所在部门、职务和联系电话,并保证准确有效	
重要物资装备名录或清单	1.以表格形式列出应急装备、设施和器材清单,清单应当包括种类、名称、数量、存放位置、规格、性能、用途和用法等信息 2.定期检查和维护应急装备,保证准确有效	
规范化格式文本	给出信息接报、处理、上报等规范化格式文本,要求规范、清晰、简洁	

续表

评审项目	评审内容及要求	评审意见
关键的路线、标识和图纸	1.警报系统分布及覆盖范围 2.重要防护目标一览表、分布图 3.应急救援指挥位置及救援队伍行动路线 4.疏散路线、重要地点等标识 5.相关平面布置图纸、救援力量分布图等	
相关应急预案名录、协议或备忘录	列出与本应急预案相关的或相衔接的应急预案名称，以及与相关应急救援部门签订的应急支援协议或备忘录	
注：附件根据应急工作需要而设置，部分项目可省略		

三、应急预案发布与备案

1.应急预案发布

生产经营单位的应急预案经评审或者论证通过后，由本单位主要负责人签署，向本单位从业人员公布，并及时发放到本单位有关部门、岗位和相关应急救援队伍。事故风险可能影响周边其他单位和人员的，生产经营单位应当将有关事故风险的性质、影响范围和应急防范措施告知周边的其他单位和人员。城市重大事故应急预案经政府评审通过后，应由城市最高行政官员签署发布。

2.应急预案备案

（1）地方各级人民政府应急管理部门的应急预案，应当报同级人民政府备案，同时抄送上一级人民政府应急管理部门，并依法向社会公布。

地方各级人民政府其他负有安全生产监督管理职责的部门的应急预案，应当抄送同级人民政府应急管理部门。

（2）易燃易爆物品、危险化学品等危险物品的生产、经营、储存、运输单位，矿山、金属冶炼、城市轨道交通运营、建筑施工单位，以及宾馆、商场、娱乐场所、旅游景区等人员密集场所经营单位，应当在应急预案公布之日起20个工作日内，按照分级属地原则，向县级以上人民政府应急管理部门和其他负有安全生产监督管理职责的部门进行备案，并依法向社会公布。上述单位中属于中央企业的，其总部（上市公司）的应急预案，报国务院主管的负有安全生产监督管理职责的部门备案，并抄送应急管理部；其所属单位的应急预案报所在地的省、自治区、直辖市或者设区的市级人民政府主管的负有安全生产监督管理职责的部门备案，并抄送同级人民政府应急管理部门。上述单位中不属于中央企业的，其中非煤矿山、金属冶炼和危险化学品生产、经营、储存、运输企业，以及使用危险化学品达到国家规定数量的化工企业、烟花爆竹生产、批发经营企业的应急预案，按照隶属关系报所在地县级以上地方人民政府应急管理部门备案；其他生产经营单位应急预案的备案，由省、自治区、直辖市人民政府负有安全生产监督管理职责的部门确定。

油气输送管道运营单位的应急预案，除按照上述规定备案外，还应当抄送所跨行政区域的县级安全生产监督管理部门。

煤矿企业的应急预案除上述规定备案外，还应当抄送所在地的煤矿安全监察机构。

海洋石油开采企业的应急预案除上述规定备案外，还应当抄送所经行政区域的县级人民政府应急管理部门和海洋石油安全监管机构。

3.备案所需材料

生产经营单位申报应急预案备案，应当提交下列材料：

(1)应急预案备案申报表(表5-6)。

(2)应急预案评审或者论证意见。

(3)应急预案文本及电子文档。

(4)风险评估结果和应急资源调查清单。

表5-6　应急预案备案申报表

<table>
<tr><td>单位名称</td><td colspan="3"></td></tr>
<tr><td>联系人</td><td></td><td>联系电话</td><td></td></tr>
<tr><td>传真</td><td></td><td>电子信箱</td><td></td></tr>
<tr><td>法定代表人</td><td></td><td>资产总额</td><td>万元</td></tr>
<tr><td>行业类型</td><td></td><td>从业人数</td><td>人</td></tr>
<tr><td>单位地址</td><td></td><td>邮政编码</td><td></td></tr>
<tr><td colspan="4">根据《生产安全事故应急预案管理办法》，现将我单位于　　年　　月　　日签署发布的：

等预案，以及相关备案材料报上，请予备案。
本单位承诺，本单位在办理备案中所提供的相关文件及其信息均经本单位确认真实、无虚假，且未隐瞒事实。

(单位公章)

＿＿＿＿年＿＿月＿＿日</td></tr>
</table>

受理备案登记的负有安全生产监督管理职责的部门应当在5个工作日内对应急预案材料进行核对，材料齐全的，应予以备案并出具应急预案备案登记表；材料不齐全的，不予备案并一次性告知需要补齐的材料。逾期不予备案又不说明理由的，视为已经备案。

对于实行安全生产许可的生产经营单位，已经进行应急预案备案的，在申请安全生产许可证时，可以不提供相应的应急预案，仅提供应急预案备案登记表。

【任务小结】

本单元任务主要学习了生产经营单位应急预案评审、实施与备案的具体工作要求。学生通过该任务的学习，需掌握生产经营单位应急预案评审的基本要求、主要评审内容等，此外还需熟悉应急预案备案的法律要求、备案程序及所需资料。

【思考讨论】

(1)应急预案评审的要点有哪些?

(2)生产经营单位申报应急预案备案时,需要提交哪些材料?

【学习评价】

任务学习效果评价表见表5-7。

表5-7　任务学习效果评价表

技能要点	评价关键点	分值	自我评价(20%)	小组互评(30%)	教师评价(50%)
应急预案评审	熟练应急预案评审的基本法律要求	20			
	掌握应急预案评审的要点及内容	40			
应急预案发布实施	熟悉应急预案发布的程序及注意事项	10			
应急预案备案	掌握不同部门(行业)应急预案备案的法律要求、备案所需材料等	30			
总得分		100			

任务二　应急预案培训与演练

【任务实施】

开展应急预案培训是增强企业危机意识和责任意识，提高事故防范能力的重要途径，是提高应急救援人员和职工应急能力的重要措施，是保证应急预案贯彻实施的重要手段。

开展应急演练是企业应急管理工作中一项必不可少的内容，是企业增强风险防范意识和提高应急处置能力的重要途径，同时也是应急预案培训与完善的重要抓手，是检验、评价和保持应急能力的一个有效途径，对于提高企业应急准备能力和应急救援能力十分必要。通过演练，员工对企业应急预案规定的应急程序、自救逃生、应急处置等内容有了一定经验，一旦发生事故，能够科学应对，最大限度降低损失。因此，做好应急预案培训与演练是提高应急队伍素质，确保应急行动高效完成的重要保障。

一、应急预案培训

1.培训意义

开展应急预案培训，能够确保企业员工熟悉应急预案内容，有利于促进企业专业应急救援人员掌握事故应急处置技能，熟悉突发事件防范措施和应急程序，提高应急处置和协调能力。同时，对公众开展相关应急预案培训，也有利于促进社会公众熟悉基本的事故预防、避险、避灾、自救、互救等应急知识，提高公众安全意识和应急能力。

《生产安全事故应急预案管理办法》第三十一条明确规定："各级人民政府应急管理部门应当将本部门应急预案的培训纳入安全生产培训工作计划，并组织实施本行政区域内重点生产经营单位的应急预案培训工作。生产经营单位应当组织开展本单位的应急预案、应急知识、自救互救和避险逃生技能的培训活动，使有关人员了解应急预案内容，熟悉应急职责、应急处置程序和措施。应急培训的时间、地点、内容、师资、参加人员和考核结果等情况应当如实记入本单位的安全生产教育和培训档案。"

2.工作原则

(1)统一规划、统筹安排

要将应急预案培训纳入企业应急管理工作总体规划，结合应急管理工作实际和应急预案实施重点，合理安排，重点突出，目标明确。

(2)联系实际，明确需求

将应急预案培训内容与企业应急管理工作实际结合起来，针对培训对象的应急工作特点和需求进行培训内容的制订，明确培训目标。选择相应专业领域的培训师资，保证培训效果。

(3)创新方式，确保培训质量

创新应急预案培训方式，设置新颖培训课程，预案内容与具体实践相结合，提高学员培训兴趣，增强培训效果。实施过程考核，严格培训考核与评估制度，提高教学质量，建立应急预案培训档案，形成规范的培训工作秩序。

3.组织与实施

应急预案培训是一项常规和系统性工作，开展应急预案培训需要整体统筹。为增强培训效果，应结合公司实际，做好培训宣传工作，组建培训工作小组，负责培训活动的组织协调。针对不同时期及人员的培训要有一个统一的规划。培训组织过程主要包括需求分析、培训计划制订、培训实施、培训考核与评估、培训档案归档等。

（1）需求分析

拟订应急预案培训方案之前，首先要对公司应急管理系统各层次和岗位人员进行工作任务分析，梳理重要工作岗位及其职能，确定应急培训的目标、内容及方式。常用的培训需求调研方法有观察法、面谈法、问卷调查法、工作表现评估法、会议研究法等，实施时可结合企业实际，合理选择需求分析方法，确定培训内容和培训方式。

（2）培训计划制订

结合公司总体应急培训计划和需求分析结果，对培训时间、地点、内容、方式、培训师资、教学设施设备、培训对象、培训费用、后勤保障等做出预先安排，确保培训活动的顺利实施。

应急预案培训的内容主要包括公司各级应急预案；应急相关法律、法规、条例和标准等；岗位应急职责、应急响应程序及处置措施；个人防护、应急救护技能、应急救援装备（设施）使用；风险辨识与控制、隐患排查治理；行业基础安全知识、事故案例分析等。培训内容的选择应服务培训目标，针对不同培训对象，合理筛选内容并制定培训教材，培训内容需有所侧重。

应急预案培训的方式相对灵活，如举办培训班和讲座、发放培训材料自学、工作研讨、实战演练等。此外还可以采用多媒体、模拟训练系统、虚拟仿真技术等方式进行体验式应急培训。要结合培训内容和公司应急资源，合理选择培训方式，为保证受训人员的参与度，尽量采用交互式的培训方式。

培训师资要根据培训内容、方式、培训时间安排等来确定，选择适合的培训师资。一般从行业专家、应急管理专家等专业人士中选择，并提前协调培训的具体工作安排，包括培训时间、地点、内容和需要准备的培训设施设备等。

（3）培训实施

培训准备工作完成后，按照培训计划要求，提前向受训人员发布培训通知及注意事项，认真组织，精心安排，做好培训过程管理（签到、纪律维持、过程记录、资料管理等）及后勤保障工作。

（4）培训考核与评估

应急培训结束后，需要及时评价培训效果。企业可采用实操测验法、笔试测验法、观察法、提问法（面试法）、案例测验法等方式进行评价，了解培训目标的实现程度，为后期培训计划、培训课程的制订与实施提供帮助。对于考核未通过的人员，应当要求其进行再培训，直至考核合格；对于考核结果优秀的学员，可适当给予激励，提高受训人员的重视度和责任感。

（5）培训档案归档

应急培训活动结束后，要及时形成培训档案并进行规范归档。培训档案主要包括培训计划、培训课件（讲义）、人员签到表、人员考核结果、现场照片（视频）、培训评估总结等材料。

二、应急演练

1.演练类型

应急演练是指针对可能发生的事故情景，依据应急预案而模拟开展的应急活动。通过实施应急演练，可以达到检验预案、完善准备、磨合机制、宣传教育、锻炼队伍的目的。

2020年2月1日正式实施的行业标准《生产安全事故应急演练基本规范》（AQ/T 9007—2019）对演练的分类形式、演练基本流程和要求做了具体解释。按照演练内容不同，应急演练可分为单项演练和综合演练；按照演练形式不同，应急演练可分为桌面演练和实战演练。按演练目的与作用分为检验性演练、示范性演练和研究性演练。实际演练时，可根据需要将不同类型的演练相互组合，达到演练目的。

单项演练是指针对应急预案中某一项应急响应功能而开展的演练活动，如消防疏散演练（仅检验疏散功能）等。

综合演练是针对应急预案中的多项或全部应急响应功能而开展的演练活动，演练过程一般会涉及整个应急救援系统的各个响应要素，能够客观地检验区域应急救援系统的应急处置能力。

桌面演练是指针对事故情景，利用图纸、沙盘、流程图、计算机、视频等辅助手段，依据应急预案而进行交互式讨论或模拟应急状态下应急行动的演练活动。在应急演练工作中，常作为实战演练的一种“预演”，其优点是无须在真实环境中构建事故情景，也不用准备真实的应急资源，演练成本较低。举行桌面演练的目的是在友好、较小压力以及较低成本的情况下，提高应急救援体系中的指挥人员应急决策和相互配合协调的能力。

实战演练是指针对事故情景，选择（或模拟）生产经营活动中的设备、设施、装置或场所，利用各类应急器材、装备、物资，通过决策行动、实际操作，完成真实应急响应的过程。实战演练可以检验应急预案与实际情况的符合度，对修订应急预案起到指导作用。

检验性演练是指为检验应急预案的可行性、应急准备的充分性、应急机制的协调性及相关人员的应急处置能力而组织的演练。

示范性演练是指为检验和展示综合应急救援能力，按照应急预案开展的具有较强指导宣教意义的规范性演练。

研究性演练是指为探讨和解决事故应急处置的重点、难点问题，试验新方案、新技术、新装备而组织的演练。

2.演练工作原则

（1）符合相关规定。按照国家相关法律法规、标准及有关规定组织开展演练。

（2）依据预案演练。结合生产面临的风险及事故特点，依据应急预案组织开展演练。

（3）注重能力提高。突出以提高指挥协调能力、应急处置能力和应急准备能力组织开展演练。

（4）确保安全有序。在保证参演人员、设备设施及演练场所安全的条件下组织开展演练。

3.演练准备

一般开展大型事故应急演练前应建立演练组织机构，即成立应急演练工作组。在演练前完成相关准备工作，包括演练目标和范围的确定、演练方案等演练文件的编制、演练现场规则确定、演练资源的准备、相关人员业务培训等。

(1)成立演练工作组

综合演练通常应成立演练领导小组,负责演练活动筹备和实施过程中的组织领导工作,审定演练工作方案、演练工作经费、演练评估总结以及其他需要决定的重要事项。演练领导小组下设策划与导调组、宣传组、保障组、评估组。可结合演练规模需要,灵活调整小组和人员组成。

①策划与导调组。负责编制演练工作方案、演练脚本,演练安全保障方案;负责演练活动筹备、事故场景布置、演练进程控制、参演人员调度以及与相关单位、工作组的联络和协调。

②宣传组。负责编制演练宣传方案,整理演练信息,组织新闻媒体和开展新闻发布。

③保障组。负责对演练的物资装备、场地、经费、安全保卫及后勤保障,包括购置模型、落实演练场地并维持现场秩序、保障人员安全等。其成员一般由单位的后勤、财务、办公等部门人员组成。

④评估组。主要负责设计演练评估方案,编写演练评估报告,对演练准备、组织实施及其安全保障等进行全方位评估,及时向演练领导小组、策划组和保障组提出意见和建议。其成员一般由应急管理专家、具有一定演练评估经验和突发事件应急处置经验的专业人员组成。

(2)制订应急演练计划

①确定演练目标。全面分析和评估应急预案、应急职责、应急处置工作流程和指挥调度程序、应急技能和应急装备、物资的实际情况,提出需通过应急演练解决的内容,有针对性地确定应急演练目标,提出应急演练的初步内容和主要科目。

②明确演练任务。在对事先构建的事故情景及应急预案认真分析的基础上,明确应急演练各阶段主要任务,明确参加演练的人员、需强化和锻炼的技能、需检验的设备、需完善的应急响应流程等。

③确定演练范围。综合考虑演练目的、需求、资源、时间等条件,确定演练的类型、响应等级、地域、参演单位及人数等。

④安排演练准备与实施的具体日程计划。包括各种演练文件编写与审定的期限、演练物资装备准备的时限、演练实施的具体日期等。

⑤编制演练经费预算,明确演练经费保障。

(3)编制应急演练工作方案

演练工作方案是一套保证演练顺利实施的详细的工作文件。演练方案的设计要明确、具体,一般应对演练目标、演练类型与时间、演练内容、演练单位和人员任务及职责、演练情景构建、演练实施程序、演练保障、安全注意事项、演练评估与总结要求等进行详细的说明。编写演练方案应以演练情景构建为基础。根据演练类型和规模的不同,演练方案可以是单个文件,也可以是多个文件。以演练规模较大的实战演练为例,其演练方案一般包含多个文件,如演练情景说明书、演练脚本、演练情景事件清单、演练控制指南、演练评估指南、演练人员手册和通讯录等。

演练工作方案内容一般包括以下几个方面:

①目的及要求。

②事故情景。

③参与人员及范围。

④时间与地点。

⑤主要任务及职责。

⑥筹备工作内容。

⑦主要工作步骤。

⑧技术支撑及保障条件。

⑨评估与总结。

综合演练内容及要求一般包括：

①预警与报告。根据事故情景，向相关部门或人员发出预警信息，并向有关部门和人员报告事故信息。

②指挥协调。根据事故情景，成立应急指挥部，调集应急救援队伍等相关资源，开展应急救援行动。

③应急通信。根据事故情景，在应急救援相关部门或人员之间进行音频、视频信号或数据信息互通。

④事故监测。根据事故情景，对事故现场进行观察、分析或测定，确定事故严重程度、影响范围和变化趋势等。

⑤警戒管制。根据事故情景，建立应急处置现场警戒区域，实行交通管制，维护现场秩序。

⑥疏散安置。根据事故情景，对事故可能波及范围内的相关人员进行疏散、转移和安置。

⑦医疗卫生。根据事故情景，调集医疗卫生专家和卫生应急队伍开展紧急医学救援，并开展卫生监测和防疫工作。

⑧现场处置。根据事故情景，按照相关应急预案和现场指挥部要求对事故现场进行控制和处理。

⑨社会沟通。根据事故情景，召开新闻发布会或事故情况通报会，通报事故有关情况。

⑩后期处置。根据事故情景，应急处置结束后，开展事故损失评估、事故原因调查、事故现场清理和相关善后工作。

⑪其他。根据相关行业(领域)安全生产特点所包含的其他应急功能。

演练脚本是演练工作方案中演练内容和程序的具体化文件，可以帮助参演人员全面掌握演练的内容和时间要求，主要内容包括：

①模拟事故情景。

②处置行动与执行人员。

③指令、对白、步骤及时间安排。

④视频背景与字幕。

⑤演练解说词。

⑥其他。

某矿山井下火灾应急演练脚本如表5-8所示。

表 5-8　某矿山井下火灾应急演练脚本示例

序号	时间	参演人员	模拟事故情景	执行人员	指令、对白及行动
1	11:00	总指挥1人 专家组3人	矿长向专家组请示	矿长 专家组	矿长：“报告专家组，×××煤矿应急演练现场已准备就绪，请指示！” 专家组：“请严格按照演练程序执行演练。” 矿长：“我宣布火灾事故应急预案演练现在开始！”
		监控员1人 调度员1人	监控中心显示屏显示××采煤工作面设备列车处CO传感器报警后中断，监控员向值班调度员汇报。	监控员 调度员	监测监控员：“报告调度员，××工作面设备列车处监控显示CO传感器报警后中断，总回风巷区域监控报警CO值40 ppm。” 调度员：“请尽快查明原因，及时汇报！”
2	11:02	调度员1人 综采当班队长1人 值班室主任1人	当班队长王某汇报事故情况；调度员记录事故情况并上报值班室主任；值班室主任立即通知矿长和总工程师及相关科室人员	当班队长 调度员 值班室主任	当班队长：“报告调度员，我是××工作面当班队长王某。10点50分左右，××综放工作面传感器突然报警，我与瓦检员立即赶到查看原因，发现冒落区有明火，且CO浓度不断增大。我与当班工人做了两道风障，隔断供风路线。现设备列车处仍有火势扩大迹象。在回风顺槽有我队2名电工检修设备，目前已失去联系，请指示！” 调度员：“你立即将工作面内所有人员撤到安全地点进行避灾，等候指示！” 当班队长：“明白，立即执行！” 调度员：“报告值班室主任，综采设备列车处发生火灾，现已初步控制，但火势仍有扩大迹象。在回风顺槽工作的2名电工失去联系，请您尽快赶到调度室指挥应急调度工作。” 值班室主任：　“好，立即赶到！” 调度员：“矿长（总工程师、安全矿长等）综采工作面发生火灾事故，请到调度室指挥救灾。”
3	……	……	……	……	……

(4)演练动员与培训

进行演练动员和培训的目的在于确保所有演练参与人员在正式演练前已经掌握了演练规则、演练情景和自己承担的演练任务。

通过培训,将演练基本概念、应急基本知识、演练现场规则等内容告知给所有演练参与人员。对演练控制人员要进行岗位职责、演练过程控制要求和方法等方面的培训;对演练评估人员要进行岗位职责、评估方法、工具使用等方面的培训;对参演人员要进行应急预案内容、应急技能及个体防护装备使用等方面的培训。

(5)演练人员及物资准备

①演练人员准备。演练组织单位和参与单位应合理安排工作,保证相关人员在演练计划时间能够准时参与演练;通过组织观摩学习和培训,提高演练人员素质和技能。

②演练物资和场地准备。落实演练经费和场地,备好演练器材等。对于物资与装备,要考虑备用的问题,所以要保证数量充足,同时要保证快速、及时供应到位。此外,诸如演练现场平面布置图、材料储存区、工艺区等不属于设备的文件资料,也应根据演练需要做好相关保障工作。

对于演练场地的准备,要结合演练方式和内容,经现场勘察后选择恰当的演练场地。桌面演练可选择会议室或应急指挥中心;实战演练应选择与实际情况和事故情景相符的地点,并根据需要设置现场指挥部、救护站、紧急集合点、停车场等设施。演练场地要能保证良好的交通、医疗卫生和安全条件,尽量避免对公众正常生产生活带来的干扰。

③安全准备。对于一些实战演练,在演练实施环节可能引入新的危险,所以在演练过程中要做好人员的安全保障工作,为参演人员提供适当的安全防护装备,同时可结合风险大小,考虑给参演人员购买相关商业保险。对可能影响公众生活、易引起公众误解和恐慌的应急演练,需采取多种渠道提前向社会发布演练公告,通知演练的时间、地点、演练内容、演练可能的负面影响和注意事项等,避免造成负面影响。

④演练前现场检查。演练前现场检查是演练准备工作的最后一环,一般在演练前一天进行,安排专人(演练控制和策划人员最佳)亲自到演练现场进行检查确认。检查的内容主要包括:演练装备到位及完好情况;模拟情景构建情况;通道是否畅通;各功能区域是否清晰;演练现场封闭和管制情况等。检查工作完成后,负责人员要在演练控制指南上签字确认。

4.演练实施

(1)演练启动

演练正式启动前一般要举行一个简短的仪式,介绍演练情况及到场人员情况等。由演练总指挥宣布演练开始并启动演练活动。

(2)演练执行

①演练指挥与行动。演练总指挥或者演练总策划负责演练全过程的指挥控制。按照演练方案规定,结合预先构建的事故情景,各参演队伍和人员按照应急响应程序开展处置行动,完成各项演练内容。演练控制人员应按照总策划的要求,及时准确发布控制信息,协调、引导参演人员完成各项演练任务。参演人员根据事故情景以及控制消息和指令,按照演练方案规定的程序开展应急行动,完成规定演练活动。模拟人员按照演练方案要求,模拟未参加演练的单位或人员的行动,并进行信息反馈。

②演练过程控制。对于桌面演练过程控制,在讨论式桌面演练中,由总策划以口头或书

面形式，引入一个或若干个问题。参演人员根据应急预案及事故情景有关规定，讨论应采取的行动，做出应急决策。在角色扮演或推演式桌面演练中，由总策划按照演练方案要求发出控制消息，参演人员接收到事件信息后，经过分析，通过角色扮演或模拟操作，完成应急处置活动；对于实战演练的过程控制，总策划一般会按照演练方案发出控制消息，控制人员及时向参演人员和模拟人员传递控制消息。参演人员和模拟人员在接收到信息后，应按照发生真实事件时的应急响应程序，采取具体的应急处置行动。控制消息可用电话、对讲机、手机、网络等方式传送，或者通过特定的标识、声音、视频等呈现。演练过程中，控制人员应随时掌握演练现场情况，并及时向总策划报告演练中出现的各种问题。

③演练解说。在演练实施过程中，组织单位可以安排专人对演练过程进行解说，以帮助观摩人员更好地掌握演练内容，提高演练人员的演练投入度等。解说内容一般包括演练背景描述、进程讲解、案例介绍、环境渲染等。对于有演练脚本的大型综合性示范演练，可按照脚本中的解说词进行讲解。

④演练记录。整个演练实施环节，需要安排专人，采用文字、照片及音像等手段记录演练过程。文字记录主要包括演练实际开始与结束时间、演练过程控制情况、参演人员表现、演练中出现的主要问题、演练意外情况及其处置等内容。照片和音像记录可结合事故情景安排多名专业人员和宣传人员在不同现场、不同角度进行拍摄，尽量全方位反映演练实施过程。

⑤演练宣传报道。认真做好信息采集工作。根据演练需要，及时发布演练简报或者组织媒体采用广播电视节目现场采编及播报等形式，扩大演练的宣传教育效果。对涉密的应急演练内容，要做好保密工作。

(3)演练结束与终止

①正常终止。演练完毕，一般由总指挥宣布演练结束，所有人员停止演练活动，按预定方案集合进行现场讲评或者有序疏散。

②非正常终止。演练过程中若出现下列情况，经演练领导小组决定，由演练总指挥按照规定的程序和指令终止演练：出现真实突发事件，需要参演人员参与应急处置时，要终止演练；出现意外情况，短时间内不能妥善处理时，可提前终止演练。

(4)演练评估与总结

①演练评估。演练评估是在全面分析演练记录及相关资料的基础上，对比参演人员表现与演练目标要求，对演练活动及其组织过程作出客观评价，并编写演练评估报告的过程。所有应急演练活动都应进行演练评估。演练评估报告的内容主要包括演练准备情况、演练执行情况、应急预案的合理性与可操作性、应急指挥与协调、参演人员的处置能力、演练所用设施装备的适用性、演练目标的完成及演练中的问题情况、对完善预案的意见建议等。

②演练总结。演练总结一般分为现场总结和事后总结。现场总结是演练内容结束后，由演练总指挥、总策划或专家评估组长等在演练现场进行的讲评。主要包括演练目标的完成情况、参演队伍和人员的表现、演练中暴露的突出问题、解决问题的建议等。事后总结一般是在演练结束后，根据演练记录、演练评估报告、应急预案、现场总结等材料，对演练全部过程进行系统和全面的书面总结，形成演练总结报告。演练总结报告的内容一般包括：演练基本概要；演练发现的问题，取得的经验和教训；应急管理工作建议等。

③演练资料归档与备案。演练活动结束后，演练组织单位应及时将演练计划、演练方案、演练评估报告、演练总结报告、演练现场照片及视频等资料归档保存。对于由上级部门

布置或参与组织的演练，或者相关法律、法规、规章要求备案的演练，演练组织单位应当将上述资料按照程序和要求报有关部门备案。

【任务小结】

本单元任务主要学习了应急预案培训与演练的相关内容。学生通过学习，能够掌握企业应急预案培训及应急演练工作的组织与实施要求，熟悉应急预案培训计划和应急演练方案的编制内容，具备组织实施企业应急预案培训和应急演练活动的能力。

【思考讨论】

(1)应急预案培训结束后，需要归档的材料一般包含哪些？

(2)应急演练类型一般有哪些？有何区别？

(3)企业建立的演练工作组，一般会下设哪些小组？

(4)应急演练结束后，需要归档的材料一般包含哪些？

【学习评价】

任务学习效果评价表见表5-9。

表5-9　任务学习效果评价表

技能要点	评价关键点	分值	自我评价（20%）	小组互评（30%）	教师评价（50%）
相关法律要求	熟悉《生产安全事故应急预案管理办法》对企业开展应急预案培训、应急演练的具体规定	10			
应急预案培训计划编制	掌握应急预案培训计划的编制内容，能结合实际正确编制应急预案培训方案	10			
应急预案培训组织	熟悉应急预案培训活动的组织与实施流程，具备应急预案培训活动的组织能力	20			
应急演练工作组织	熟悉企业组织实施应急演练活动的工作程序及注意事项等	10			
应急演练准备	掌握应急演练准备工作内容，能正确编制演练方案等演练文件	20			
应急演练实施	掌握应急演练实施的主要环节及要求，具备组织小规模应急演练活动的能力	30			
总得分		100			

附　录

附录一　《生产经营单位生产安全事故应急预案编制导则》(GB/T 29639—2020)

2019-09-29 发布　　　　2021-04-01 实施

1　范围

本标准规定了生产经营单位生产安全事故应急预案的编制程序、体系构成和综合应急预案、专项应急预案、现场处置方案的主要内容以及附件信息。

本标准适用于生产经营单位生产安全事故应急预案(以下简称应急预案)编制工作,核电厂、其他社会组织和单位的应急预案编制可参照本标准执行。

2　规范性引用文件

下列文件对于本文件的应用是必不可少的。凡是注日期的引用文,仅注日期的版本适用于本文件。凡是不注日期的引用文件,其最新版本(包括所有的修改单)适用于本文件。

AQ/T 9007　生产安全事故应急演练基本规范

3　术语和定义

下列术语和定义适用于本文件。

3.1　应急预案 emergency response plan

针对可能发生的事故,为最大程度减少事故损害而预先制定的应急准备工作方案。

3.2　应急响应 emergency response

针对事故险情或事故,依据应急预案采取的应急行动。

3.3 应急演练 emergency exercise

针对可能发生的事故情景,依据应急预案模拟开展的应急活动。

3.4 应急预案评审 emergency response plan review

对新编制或修订的应急预案内容的适用性所开展的分析评估及审定过程。

4 应急预案编制程序

4.1 概述

生产经营单位应急预案编制程序包括成立应急预案编制工作组、资料收集、风险评估、应急资源调查、应急预案编制、桌面推演、应急预案评审和批准实施8个步骤。

4.2 成立应急预案编制工作组

结合本单位职能和分工,成立以单位有关负责人为组长,单位相关部门人员(如生产、技术、设备、安全、行政、人事、财务人员)参加的应急预案编制工作组,明确工作职责和任务分工,制订工作计划,组织开展应急预案编制工作。预案编制工作组中应邀请相关救援队伍以及周边相关企业、单位或社区代表参加。

4.3 资料收集

应急预案编制工作组应收集下列相关资料:

a)适用的法律法规、部门规章、地方性法规和政府规章、技术标准及规范性文件;

b)企业周边地质、地形、环境情况及气象、水文、交通资料;

c)企业现场功能区划分、建(构)筑物平面布置及安全距离资料;

d)企业工艺流程、工艺参数、作业条件、设备装置及风险评估资料;

e)本企业历史事故与隐患、国内外同行业事故资料;

f)属地政府及周边企业、单位应急预案。

4.4 风险评估

开展生产安全事故风险评估,撰写评估报告(编制大纲参见附录A),其内容包括但不限于:

a)辨识生产经营单位存在的危险有害因素。确定可能发生的生产安全事故类别;

b)分析各种事故类别发生的可能性、危害后果和影响范围;

c)评估确定相应事故类别的风险等级。

4.5 应急资源调查

全面调查和客观分析本单位以及周边单位和政府部门可请求援助的应急资源状况,撰写应急资源调查报告(编制大纲参见附录B),其内容包括但不限于:

a)本单位可调用的应急队伍、装备、物资、场所;

b)针对生产过程及存在的风险可采取的监测、监控、报警手段;

c)上级单位、当地政府及周边企业可提供的应急资源;

d)可协调使用的医疗、消防、专业抢险救援机构及其他社会化应急救援力量。

4.6 应急预案编制

4.6.1 应急预案编制应当遵循以人为本、依法依规、符合实际、注重实效的原则,以应急处置为核心,体现自救互救和先期处置的特点,做到职责明确、程序规范、措施科学,尽可能简明化、图表化、流程化。应急预案编制格式和要求参见附录C。

4.6.2 应急预案编制工作包括但不限下列：

a)依据事故风险评估及应急资源调查结果，结合本单位组织管理体系、生产规模及处置特点，合理确立本单位应急预案体系；

b)结合组织管理体系及部门业务职能划分，科学设定本单位应急组织机构及职责分工；

c)依据事故可能的危害程度和区域范围，结合应急处置权限及能力，清晰界定本单位的响应分级标准，制定相应层级的应急处置措施；

d)按照有关规定和要求，确定事故信息报告、响应分级与启动、指挥权移交、警戒疏散方面的内容，落实与相关部门和单位应急预案的衔接。

4.7 桌面推演

按照应急预案明确的职责分工和应急响应程序，结合有关经验教训，相关部门及其人员可采取桌面演练的形式，模拟生产安全事故应对过程，逐步分析讨论并形成记录，检验应急预案的可行性，并进一步完善应急预案。桌面演练的相关要求见AQ/T 9007。

4.8 应急预案评审

4.8.1 评审形式

应急预案编制完成后，生产经营单位应按法律法规有关规定组织评审或论证。参加应急预案评审的人员可包括有关安全生产及应急管理方面的、有现场处置经验的专家。应急预案论证可通过推演的方式开展。

4.8.2 评审内容

应急预案评审内容主要包括：风险评估和应急资源调查的全面性、应急预案体系设计的针对性、应急组织体系的合理性、应急响应程序和措施的科学性、应急保障措施的可行性、应急预案的衔接性。

4.8.3 评审程序

应急预案评审程序包括下列步骤：

a)评审准备。成立应急预案评审工作组，落实参加评审的专家，将应急预案、编制说明、风险评估、应急资源调查报告及其他有关资料在评审前送达参加评审的单位或人员。

b)组织评审。评审采取会议审查形式，企业主要负责人参加会议，会议由参加评审的专家共同推选出的组长主持，按照议程组织评审；表决时，应有不少于出席会议专家人数的三分之二同意方为通过；评审会议应形成评审意见(经评审组组长签字)，附参加评审会议的专家签字表。表决的投票情况应以书面材料记录在案，并作为评审意见的附件。

c)修改完善。生产经营单位应认真分析研究，按照评审意见对应急预案进行修订和完善。评审表决不通过的，生产经营单位应修改完善后按评审程序重新组织专家评审，生产经营单位应写出根据专家评审意见的修改情况说明，并经专家组组长签字确认。

4.9 批准实施

通过评审的应急预案，由生产经营单位主要负责人签发实施。

5 应急预案体系

5.1 概述

生产经营单位应急预案分为综合应急预案、专项应急预案和现场处置方案。生产经营单位应根据有关法律、法规和相关标准，结合本单位组织管理体系、生产规模和可能发生的事故特点，科学合理确立本单位的应急预案体系，并注意与其他类别应急预案相衔接。

5.2 综合应急预案

综合应急预案是生产经营单位为应对各种生产安全事故而制定的综合性工作方案，是本单位应对生产安全事故的总体工作程序、措施和应急预案体系的总纲。

5.3 专项应急预案

专项应急预案是生产经营单位为应对某一种或者多种类型生产安全事故，或者针对重要生产设施、重大危险源、重大活动防止生产安全事故而制定的专项工作方案。

专项应急预案与综合应急预案中的应急组织机构、应急响应程序相近时，可不编写专项应急预案，相应的应急处置措施并入综合应急预案。

5.4 现场处置方案

现场处置方案是生产经营单位根据不同生产安全事故类型，针对具体场所、装置或者设施所制定的应急处置措施。现场处置方案重点规范事故风险描述、应急工作职责、应急处置措施和注意事项，应体现自救互救、信息报告和先期处置的特点。

事故风险单一、危险性小的生产经营单位，可只编制现场处置方案。

6 综合应急预案内容

6.1 总则

6.1.1 适用范围

说明应急预案适用的范围。

6.1.2 响应分级

依据事故危害程度、影响范围和生产经营单位控制事态的能力，对事故应急响应进行分级，明确分级响应的基本原则。响应分级不必照搬事故分级。

6.2 应急组织机构及职责

明确应急组织形式(可用图示)及构成单位(部门)的应急处置职责。应急组织机构可设置相应的工作小组，各小组具体构成、职责分工及行动任务应以工作方案的形式作为附件。

6.3 应急响应

6.3.1 信息报告

6.3.1.1 信息接报

明确应急值守电话、事故信息接收、内部通报程序、方式和责任人，向上级主管部门、上级单位报告事故信息的流程、内容、时限和责任人，以及向本单位以外的有关部门或单位通报事故信息的方法、程序和责任人。

6.3.1.2 信息处置与研判

6.3.1.2.1 明确响应启动的程序和方式。根据事故性质、严重程度、影响范围和可控性，结合响应分级明确的条件，可由应急领导小组做出响应启动的决策并宣布，或者依据事故信息是否达到响应启动的条件自动启动。

6.3.1.2.2 若未达到响应启动条件，应急领导小组可做出预警启动的决策，做好响应准备，实时跟踪事态发展。

6.3.1.2.3 响应启动后，应注意跟踪事态发展，科学分析处置需求，及时调整响应级别，避免响应不足或过度响应。

6.3.2 预警

6.3.2.1 预警启动

明确预警信息发布渠道、方式和内容。

6.3.2.2 响应准备

明确做出预警启动后应开展的响应准备工作,包括队伍、物资、装备、后勤及通信。

6.3.2.3 预警解除

明确预警解除的基本条件、要求及责任人。

6.3.3 响应启动

确定响应级别,明确响应启动后的程序性工作,包括应急会议召开、信息上报、资源协调、信息公开、后勤及财力保障工作。

6.3.4 应急处置

明确事故现场的警戒疏散、人员搜救、医疗救治、现场监测、技术支持、工程抢险及环境保护方面的应急处置措施,并明确人员防护的要求。

6.3.5 应急支援

明确当事态无法控制情况下,向外部(救援)力量请求支援的程序及要求、联动程序及要求,以及外部(救援)力量到达后的指挥关系。

6.3.6 响应终止

明确响应终止的基本条件、要求和责任人。

6.4 后期处置

明确污染物处理、生产秩序恢复、人员安置方面的内容。

6.5 应急保障

6.5.1 通信与信息保障

明确应急保障的相关单位及人员通信联系方式和方法,以及备用方案和保障责任人。

6.5.2 应急队伍保障

明确相关的应急人力资源,包括专家、专兼职应急救援队伍及协议应急救援队伍。

6.5.3 物资装备保障

明确本单位的应急物资和装备的类型、数量、性能、存放位置、运输及使用条件、更新及补充时限、管理责任人及其联系方式,并建立台账。

6.5.4 其他保障

根据应急工作需求而确定的其他相关保障措施(如:能源保障、经费保障、交通运输保障、治安保障、技术保障、医疗保障及后勤保障)。

注:6.5.1—6.5.4的相关内容,尽可能在应急预案的附件中体现。

7 专项应急预案内容

7.1 适用范围

说明专项应急预案适用的范围,以及与综合应急预案的关系。

7.2 应急组织机构及职责

明确应急组织形式(可用图示)及构成单位(部门)的应急处置职责。应急组织机构以及各成员单位或人员的具体职责。应急组织机构可以设置相应的应急工作小组,各小组具体构成、职责分工及行动任务建议以工作方案的形式作为附件。

7.3 响应启动

明确响应启动后的程序性工作，包括应急会议召开、信息上报、资源协调、信息公开、后勤及财力保障工作。

7.4 处置措施

针对可能发生的事故风险、危害程度和影响范围，明确应急处置指导原则，制定相应的应急处置措施。

7.5 应急保障

根据应急工作需求明确保障的内容。

注：专项应急预案包括但不限于7.1～7.4的内容。

8 现场处置方案内容

8.1 事故风险描述

简述事故风险评估的结果（可用列表的形式列在附件中）。

8.2 应急工作职责

明确应急组织分工和职责。

8.3 应急处置

包括但不限于下列内容：

a）应急处置程序。根据可能发生的事故及现场情况，明确事故报警、各项应急措施启动、应急救护人员的引导、事故扩大及同生产经营单位应急预案的衔接程序。

b）现场应急处置措施。针对可能发生的事故从人员救护、工艺操作、事故控制、消防、现场恢复等方面制定明确的应急处置措施。

c）明确报警负责人以及报警电话及上级管理部门、相关应急救援单位联络方式和联系人员，事故报告基本要求和内容。

8.4 注意事项

包括人员防护和自救互救、装备使用、现场安全等方面的内容。

9 附件

9.1 生产经营单位概况

简要描述本单位地址、从业人数、隶属关系、主要原材料、主要产品、产量以及重点岗位、重点区域、周边重大危险源、重要设施、目标、场所和周边布局情况。

9.2 风险评估的结果

简述本单位风险评估的结果。

9.3 预案体系与衔接

简述本单位应急预案体系构成和分级情况，明确与地方政府及其有关部门、其他相关单位应急预案的衔接关系（可用图示）。

9.4 应急物资装备的名录或清单

列出应急预案涉及的主要物资和装备名称、型号、性能、数量、存放地点、运输和使用条件、管理责任人和联系电话等。

9.5 有关应急部门、机构或人员的联系方式

列出应急工作中需要联系的部门、机构或人员及其多种联系方式。

9.6 格式化文本

列出信息接报、预案启动、信息发布等格式化文本。

9.7 关键的路线、标识和图纸

包括但不限于：

a)警报系统分布及覆盖范围；

b)重要防护目标、风险清单及分布图；

c)应急指挥部(现场指挥部)位置及救援队伍行动路线；

d)疏散路线、集结点、警戒范围、重要地点的标识；

e)相关平面布置、应急资源分布的图纸；

f)生产经营单位的地理位置图、周边关系图、附近交通图；

g)事故风险可能导致的影响范围图；

h)附近医院地理位置图及路线图。

9.8 有关协议或者备忘录

列出与相关应急救援部门签订的应急救援协议或备忘录。

附录A
(资料性附录)
生产安全事故风险评估报告编制大纲

A.1 危险有害因素辨识

描述生产经营单位危险有害因素辨识的情况(可用列表形式表述)。

A.2 事故风险分析

描述生产经营单位事故风险的类型、事故发生的可能性、危害后果和影响范围(可用列表形式表述)。

A.3 事故风险评价

描述生产经营单位事故风险的类别及风险等级(可用列表形式表述)。

A.4 结论建议

得出生产经营单位应急预案体系建设的计划建议。

附录B
(资料性附录)
生产安全事故应急资源调查报告编制大纲

B.1 单位内部应急资源

按照应急资源的分类，分别描述相关应急资源的基本现状、功能完善程度、受可能发生的事故的影响程度(可用列表形式表述)。

B.2 单位外部应急资源

描述本单位能够调查或掌握可用于参与事故处置的外部应急资源情况(可用列表形式表述)。

B.3 应急资源差距分析

依据风险评估结果得出本单位的应急资源需求，与本单位现有内外部应急资源对比，提

出本单位内外部应急资源补充建议。

附录C
（资料性附录）
应急预案编制格式和要求

C.1　封面

应急预案封面主要包括应急预案编号、应急预案版本号、生产经营单位名称、应急预案名称及颁布日期。

C.2　批准页

应急预案应经生产经营单位主要负责人批准方可发布。

应急预案应设置目次，目次中所列的内容及次序如下：

a)批准页；

b)应急预案执行部门签署页；

c)章的编号、标题；

d)带有标题的条的编号、标题(需要时列出)；

e)附件，用序号表明其顺序。

附录二 《生产安全事故应急演练基本规范》（AQ/T 9007—2019）

2019-08-12发布　　　　2020-02-01实施

1 范围

本标准规定了生产安全事故应急演练(以下简称应急演练)的计划、准备、实施、评估总结和持续改进规范性要求。

本标准适用于针对生产安全事故所开展的应急演练活动。

2 规范性引用文件

下列文件对于本文件的应用是必不可少的。凡是注日期的引用文件,仅注日期的版本适用于本文件。凡是不注日期的引用文件,其最新版本(包括所有的修改单)适用于本文件。

AQ/T 9009—2015生产安全事故应急演练评估规范。

3 术语和定义

下列术语和定义适用于本文件。

3.1 事故情景

针对生产经营过程中存在的事故风险而预先设定的事故状况(包括事故发生的时间、地点、特征、波及范围以及变化趋势)。

3.2 应急演练

针对可能发生的事故情景,依据应急预案而模拟开展的应急活动。

3.3 综合演练

针对应急预案中多项或全部应急响应功能开展的演练活动。

3.4 单项演练

针对应急预案中某一项应急响应功能开展的演练活动。

3.5 桌面演练

针对事故情景,利用图纸、沙盘、流程图、计算机模拟、视频会议等辅助手段,进行交互式讨论和推演的应急演练活动。

3.6 实战演练

针对事故情景,选择(或模拟)生产经营活动中的设备、设施、装置或场所,利用各类应急器材、装备、物资,通过决策行动、实际操作,完成真实应急响应的过程。

3.7 检验性演练

为检验应急预案的可行性、应急准备的充分性、应急机制的协调性及相关人员的应急处置能力而组织的演练。

3.8 示范性演练

为检验和展示综合应急救援能力，按照应急预案开展的具有较强指导宣教意义的规范性演练。

3.9 研究性演练

为探讨和解决事故应急处置的重点、难点问题，试验新方案、新技术、新装备而组织的演练。

4 总则

4.1 应急演练目的

应急演练目的：

a)检验预案：发现应急预案中存在的问题，提高应急预案的针对性、实用性和可操作性；

b)完善准备：完善应急管理标准制度，改进应急处置技术，补充应急装备和物资，提高应急能力；

c)磨合机制：完善应急管理部门、相关单位和人员的工作职责，提高协调配合能力；

d)宣传教育：普及应急管理知识，提高参演和观摩人员风险防范意识和自救互救能力；

e)锻炼队伍：熟悉应急预案，提高应急人员在紧急情况下妥善处置事故的能力。

4.2 应急演练分类

应急演练按照演练内容分为综合演练和单项演练，按照演练形式分为实战演练和桌面演练，按目的与作用分为检验性演练、示范性演练和研究性演练，不同类型的演练可相互组合。

4.3 应急演练工作原则

应急演练应遵循以下原则：

a)符合相关规定：按照国家相关法律法规、标准及有关规定组织开展演练；

b)依据预案演练：结合生产面临的风险及事故特点，依据应急预案组织开展演练；

c)注重能力提高：突出以提高指挥协调能力、应急处置能力和应急准备能力组织开展演练；

d)确保安全有序：在保证参演人员、设备设施及演练场所安全的条件下组织开展演练。

4.4 应急演练基本流程

应急演练实施基本流程包括计划、准备、实施、评估总结、持续改进五个阶段。

5 计划

5.1 需求分析

全面分析和评估应急预案、应急职责、应急处置工作流程和指挥调度程序、应急技能和应急装备、物资的实际情况，提出需通过应急演练解决的内容，有针对性地确定应急演练目标，提出应急演练的初步内容和主要科目。

5.2 明确任务

确定应急演练的事故情景类型、等级、发生地域，演练方式，参演单位，应急演练各阶段主要任务，应急演练实施的拟定日期。

5.3 制订计划

根据需求分析及任务安排，组织人员编制演练计划文本。

6 准备

6.1 成立演练组织机构

综合演练通常应成立演练领导小组，负责演练活动筹备和实施过程中的组织领导工作，审定演练工作方案、演练工作经费、演练评估总结以及其他需要决定的重要事项。演练领导小组下设策划与导调组、宣传组、保障组、评估组。根据演练规模大小，其组织机构可进行调整。

a)策划与导调组：负责编制演练工作方案、演练脚本，演练安全保障方案，负责演练活动筹备、事故场景布置，演练进程控制和参演人员调度以及与相关单位、工作组的联络和协调；

b)宣传组：负责编制演练宣传方案，整理演练信息，组织新闻媒体和开展新闻发布；

c)保障组：负责对演练的物资装备、场地、经费、安全保卫及后勤保障；

d)评估组：负责对演练准备，组织与实施进行全过程、全方位的跟踪评估；演练结束后，及时向演练单位或演练领导小组及其他相关专业组提出评估意见、建议，并撰写演练评估报告。

6.2 编制文件

6.2.1 工作方案

演练工作方案内容：

a)目的及要求；

b)事故情景；

c)参与人员及范围；

d)时间与地点；

e)主要任务及职责；

f)筹备工作内容；

g)主要工作步骤；

h)技术支撑及保障条件；

i)评估与总结。

6.2.2 脚本

演练一般按照应急预案进行，按照应急预案进行时，根据工作方案中设定的事故情景和应急预案中规定的程序开展演练工作。演练单位根据需要确定是否编制脚本，如编制脚本，一般采用表格形式，主要内容：

a)模拟事故情景；

b)处置行动与执行人员；

c)指令与对白、步骤及时间安排；

d)视频背景与字幕；

e)演练解说词;

f)其他。

6.2.3 评估方案

演练评估方案内容:

a)演练信息:目的和目标、情景描述,应急行动与应对措施简介;

b)评估内容:各种准备、组织与实施、效果;

c)评估标准:各环节应达到的目标评判标准;

d)评估程序:主要步骤及任务分工;

e)附件:所需要用到的相关表格。

6.2.4 保障方案

演练保障方案应包括应急演练可能发生的意外情况、应急处置措施及责任部门、应急演练意外情况中止条件与程序。

6.2.5 观摩手册

根据演练规模和观摩需要,可编制演练观摩手册。演练观摩手册通常包括应急演练时间、地点、情景描述、主要环节及演练内容、安全注意事项。

6.2.6 宣传方案

编制演练宣传方案,明确宣传目标、宣传方式、传播途径、主要任务及分工、技术支持。

6.3 工作保障

根据演练工作需要,做好演练的组织与实施需要相关保障条件。保障条件主要内容:

a)人员保障:按照演练方案和有关要求,确定演练总指挥、策划导调、宣传、保障、评估、参演人员参加演练活动,必要时设置替补人员;

b)经费保障:明确演练工作经费及承担单位;

c)物资和器材保障:明确各参演单位所准备的演练物资和器材;

d)场地保障:根据演练方式和内容,选择合适的演练场地;演练场地应满足演练活动需要,应尽量避免影响企业和公众正常生产、生活;

e)安全保障:采取必要安全防护措施,确保参演、观摩人员以及生产运行系统安全;

f)通信保障:采用多种公用或专用通信系统,保证演练通信信息通畅;

g)其他保障:提供其他保障措施。

7 实施

7.1 现场检查

确认演练所需的工具、设备、设施、技术资料以及参演人员到位。对应急演练安全设备、设施进行检查确认,确保安全保障方案可行,所有设备、设施完好,电力、通信系统正常。

7.2 演练简介

应急演练正式开始前,应对参演人员进行情况说明,使其了解应急演练规则、场景及主要内容,岗位职责和注意事项。

7.3 启动

应急演练总指挥宣布开始应急演练,参演单位及人员按照设定的事故情景,参与应急响应行动,直至完成全部演练工作。演练总指挥可根据演练现场情况,决定是否继续或中止演练活动。

7.4 执行

7.4.1 桌面演练执行

在桌面演练过程中，演练执行人员按照应急预案或应急演练方案发出信息指令后，参演单位和人员依据接收到的信息，回答问题或模拟推演的形式，完成应急处置活动。通常按照四个环节循环往复进行。

a)注入信息：执行人员通过多媒体文件、沙盘、消息单等多种形式向参演单位和人员展示应急演练场景，展现生产安全事故发生发展情况；

b)提出问题：在每个演练场景中，由执行人员在场景展现完毕后根据应急演练方案提出一个或多个问题，或者在场景展现过程中自动呈现应急处置任务，供应急演练参与人员根据各自角色和职责分工展开讨论；

c)分析决策：根据执行人员提出的问题或所展现的应急决策处置任务及场景信息，参演单位和人员分组开展思考讨论，形成处置决策意见；

d)表达结果：在组内讨论结束后，各组代表按要求提交或口头阐述本组的分析决策结果，或者通过模拟操作与动作展示应急处置活动。

各组决策结果表达结束后，导调人员可对演练情况进行简要讲解，接着注入新的信息。

7.4.2 实战演练执行

按照应急演练工作方案，开始应急演练，有序推进各个场景，开展现场点评，完成各项应急演练活动，妥善处理各类突发情况，宣布结束与意外终止应急演练。实战演练执行主要按照以下步骤进行：

a)演练策划与导调组对应急演练实施全过程的指挥控制；

b)演练策划与导调组按照应急演练工作方案（脚本）向参演单位和人员发出信息指令，传递相关信息，控制演练进程；信息指令可由人工传递，也可以用对讲机、电话、手机、传真机、网络方式传送，或者通过特定声音，标志与视频呈现；

c)演练策划与导调组按照应急演练工作方案规定程序，熟练发布控制信息，调度参演单位和人员完成各项应急演练任务；应急演练过程中，执行人员应随时掌握应急演练进展情况，并向领导小组组长报告应急演练中出现的各种问题；

d)各参演单位和人员，根据导调信息和指令，依据应急演练工作方案规定流程，按照发生真实事件时的应急处置程序，采取相应的应急处置行动；

e)参演人员按照应急演练方案要求，做出信息反馈；

f)演练评估组跟踪参演单位和人员的响应情况，进行成绩评定并做好记录。

7.5 演练记录

演练实施过程中，安排专门人员采用文字、照片和音像手段记录演练过程。

7.6 中断

在应急演练实施过程中，出现特殊或意外情况，短时间内不能妥善处理或解决时，应急演练总指挥按照事先规定的程序和指令中断应急演练。

7.7 结束

完成各项演练内容后，参演人员进行人数清点和讲评，演练总指挥宣布演练结束。

8 评估总结

8.1 评估

按照AQ/T 9009—2015中7.1、7.2、7.3、7.4要求执行。

8.2 总结

8.2.1 撰写演练总结报告

应急演练结束后，演练组织单位应根据演练记录、演练评估报告、应急预案、现场总结材料，对演练进行全面总结，并形成演练书面总结报告。报告可对应急演练准备、策划工作进行简要总结分析。参与单位也可对本单位的演练情况进行总结。演练总结报告的主要内容：

a）演练基本概要；

b）演练发现的问题，取得的经验和教训；

c）应急管理工作建议。

8.2.2 演练资料归档

应急演练活动结束后，演练组织单位应将应急演练工作方案、应急演练书面评估报告、应急演练总结报告文字资料，以及记录演练实施过程的相关图片、视频、音频资料归档保存。

9 持续改进

9.1 应急预案修订完善

根据演练评估报告中对应急预案的改进建议，按程序对预案进行修订完善。

9.2 应急管理工作改进

9.2.1 应急演练结束后，演练组织单位应根据应急演练评估报告、总结报告提出的问题和建议，对应急管理工作（包括应急演练工作）进行持续改进。

9.2.2 演练组织单位应督促相关部门和人员，制订整改计划，明确整改目标，制定整改措施，落实整改资金，并跟踪督查整改情况。

附录三　生产安全事故综合应急预案示例

蒙牛乳业（焦作）有限公司
生产安全事故应急预案

应急预案编号：MNRY-JZ-202001

应急预案版本号：MNRY-JZ-01

2020年×月×日发布　　　　2020年×月×日实施

蒙牛乳业（焦作）有限公司安环技术处 发布

批 准 页

《蒙牛乳业（焦作）有限公司生产安全事故应急预案》是为保护员工、相关方、群众的生命安全和环境安全，减少财产损失，保证事故发生时快速反应、妥善处置而制定的企业内部规范性文件。本预案明确了应急组织机构与职责、应急响应、应急处置原则、应急保障等相关要求，适用于蒙牛乳业（焦作）有限公司生产安全事故处置工作。

《蒙牛乳业（焦作）有限公司生产安全事故应急预案》经公司安全生产委员会审议通过，现正式发布。

总经理：

二〇二〇年×月×日

目　录

1 总则

1.1 适用范围

本预案适用于蒙牛乳业(焦作)有限公司生产安全事故的应急救援与处置,蒙牛乳业(焦作)有限公司简介见附件1。

1.2 预案体系与衔接

根据公司管理体系和生产特点,应急预案体系包括应急预案和现场处置方案。本应急预案与属地政府应急预案、集团应急预案、公司内各工厂(车间)现场处置方案进行衔接,具体衔接的应急预案体系如图1所示。

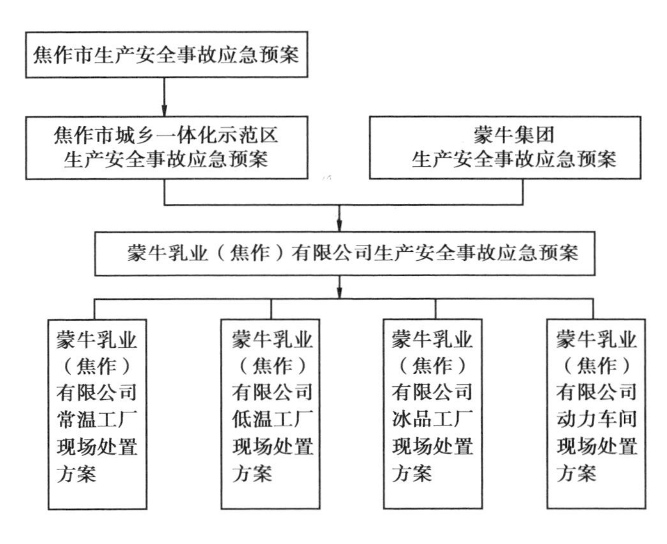

图1 应急预案体系图

备注:依据国家法律法规,公司另行编制的《重大危险源事故专项应急预案》《特种设备事故应急专项预案》《灭火和应急疏散预案》与此生产安全事故应急预案内容相衔接、相一致。

1.3 响应分级

按照事故可能的危害程度和区域范围,公司生产安全事故救援响应分为Ⅳ级、Ⅲ级、Ⅱ级、Ⅰ级共四级,应急响应分级见附件3。

Ⅲ级、Ⅱ级、Ⅰ级响应,公司联系并配合外部救援(政府级应急预案)进行应急处置。

2 事故风险描述

生产过程中的主要危险源有液氨储罐区、制冷装置系统、污水处理厂、配电设备、库房(存放易燃的纸箱等原辅料)和各类特种设备(包括锅炉、压力容器、压力管道、气瓶、叉车等)以及厂内装卸货物的车辆等。涉及的危险化学品有液氨和少量的硝酸(酸性清洗剂)、氢氧化钠(碱性清洗剂)、乙醇、过氧化氢和液氮,在生产经营过程中存在以下风险:

(1)液氨贮液器物理爆炸。由于贮液器超压;贮液器存在缺陷,使承压能力降低;强度设计、结构设计、选材、防腐不合理等原因造成液氨贮液器可能发生物理爆炸,产生超声波和爆炸碎片对人和物体破坏。

(2)液氨贮液器化学爆炸。由于氨气泄漏,与空气混合,达到爆炸极限,遇到明火,静电火花等火源,引起火灾与化学爆炸事故。

(3)液氨贮液器引发中毒事故。由于液氨贮液器及其附件爆炸、泄漏,空气中的氨气浓度超过安全阈值,可能导致人员中毒和窒息。

(4)电气设备管理不当或漏电导致人员触电、火灾等事故。

(5)锅炉、压力容器、压力管道、气瓶管理不当,因超压、高温等可能导致容器爆炸、火灾等事故。

(6)叉车、厂内装卸汽车如违章行驶,有导致车辆伤害的危险。

(7)污水池清理过程中如果人员无防护措施,有中毒和窒息的危险,如果救援处置不当有发生次生事故的危险。

(8)生产过程中设备高速运转部件防护不当,有导致机械伤害、物体打击的危险。

(9)由于电气或点火源管理不当,造成库房发生火灾事故。

3 应急组织机构及职责

3.1 应急组织体系

公司应急组织机构由应急救援领导小组、应急救援领导小组办公室、现场指挥部组成,其中现场指挥部分为警戒保卫组、抢险救灾组、通信联络组、医疗救护组、后勤保障组、善后工作组;事故应急救援领导小组办公室设在安环技术处。应急组织体系见图2。

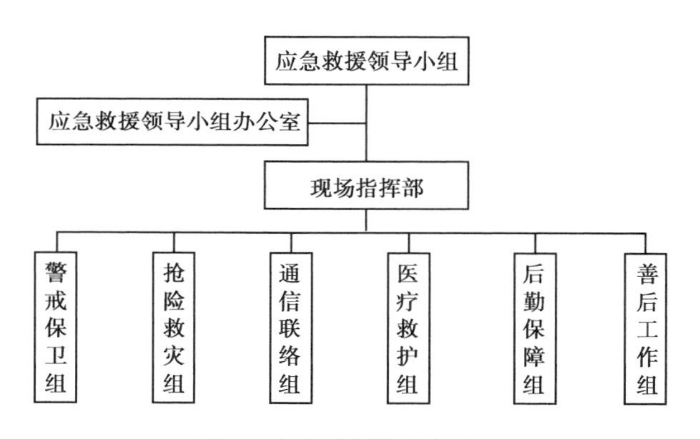

图2 应急救援指挥机构图

3.2 指挥机构及职责

应急组织机构中的组长实行替补制,即:当组长不能履行相应职责时,由组长指派人员或按行政职务高低排序自动替补相应人员,履行组长职责。具体组织机构及相应职责见下文。

(1)应急救援领导小组

组长:总经理

副组长:工厂厂长、安环技术处负责人

成员:各部门负责人

其主要职责为:

①负责公司生产安全事故应急救援的组织领导和决策指挥。

②下达预案启动和应急处置指令。

③协调所需调配的外部应急资源参与应急救援,必要时配合政府及外部救援力量做好相关工作。

④审定并向上级报送事故信息。

⑤组织公司级预案演练、应急工作安排等事宜。

(2)现场指挥部

1)通信联络组

组长:人事行政处负责人

成员:人事行政处人员

职责:

①负责事故应急处理时与各小组的联系工作。

②负责事故现场的通信联络和对外联系。

2)警戒保卫组

组长:经警负责人

成员:经警人员、各区域疏散引导员

职责:

①全面负责组织本公司员工的安全撤离和紧急疏散工作,对人员进行清点,向指挥部报告单位员工伤亡、失踪等安全情况,保证人员的安全撤离。

②负责事故现场划定禁区的警戒指挥工作,必要时对周边环境进行检测,维护治安保卫。

③负责对事故后公司内道路交通管制工作并做好指引工作。

3)抢险救灾组

组长:生产工厂厂长

成员:常温、低温、冰品生产人员,设备、动力人员

职责:

①负责指挥事故造成的火灾灭火、现场救助,负责事故现场及有关有害物扩散区的清洗、监测、检查工作,污染区处理直至无害。

②负责事故状态下"清净下水"排放、监测及回收工作。

③按指挥部要求做好事故中和事故后的抢险、抢修工作,协助有关单位进行抢修、抢险等工作。

4)医疗救护组

组长:质量管理处负责人

成员:质量管理处人员

职责:

①负责医疗单位联系与伤员转运。

②事故状态扩大时根据指挥部命令联系外部医疗救援力量。

5)后勤保障组

组长:供应负责人

成员:供应处人员及司机

职责:

①负责事故救援中参与救援人员的接待工作(会务、交通、食宿等工作)。

②做好内部应急资源的调配工作。

③负责事故救援过程中紧急物资的申购及事故处置结束后的应急物资补充工作。

6)善后工作组

组长:外务处负责人

成员:财务处、外务处人员

①负责做好善后处置工作,包括伤亡救援人员、遇难人员补偿,亲属安置,征用物资补偿,救援费用支付等事项;

②负责媒体的协调,减弱或消除事故后果和影响,安抚受害和受影响人员,保证社会稳定;

③负责事故草拟稿内容的起草并配合政府及有关部门进行发布。

(3)应急救援领导小组办公室

组长:安环技术处负责人

成员:安环技术处人员

职责:

①负责事故信息接收、研判及预警信息的发布。

②向公司应急领导小组和蒙牛集团上报事故救援信息。

③完成公司应急领导小组交办的其他工作。

4 应急响应

应急响应基本流程和主要步骤见图3。

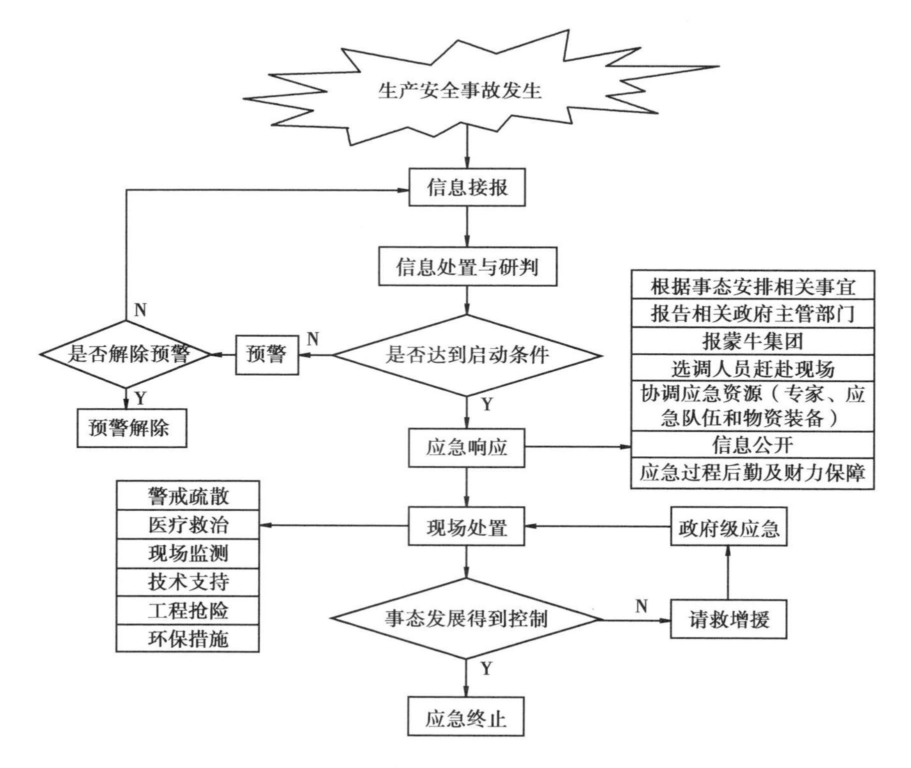

图3　应急响应基本流程图

4.1 信息报告

4.1.1 信息接报

(1)公司信息接收部门设在安环技术处,同时设立24小时应急电话(公司24小时应急电话见附件4、各应急小组通讯录见附件4)。

(2)安环技术处接到事故报告后,第一时间(1小时之内,特殊情况0.5个小时内)向公司应急领导小组报告;公司应急领导小组按规定程序向蒙牛集团安全质量管理部(应急电话见附件4)报告。向上级应急指挥中心及事发地政府主管部门(应急电话见附件4)进行汇报时,由安环技术处负责人进行报告。

(3)应急报告可用电话口头初报,应当包括下列内容:

①事故发生单位的名称、地址。

②事故发生的时间、地点。

③事故的简要经过及现场情况。

④事故已经造成或者可能造成的伤亡人数(包括下落不明、涉险的人数)。

⑤事故发展趋势和已经采取的措施等情况。

(4)在应急处置过程中,安环技术处负责人从事故报告时间算起,每隔1小时向蒙牛集团安全质量管理部、上级应急指挥中心及事发地政府主管部门汇报,主要汇报应急处置进展情况,若无进展,则发送"无进展"字样,直至处置结束。

(5)达到集团管理事故等级时,按照《蒙牛集团安全环保事故报告及处置管理制度》的有关规定,及时填报事故信息报告表并进行报送,见附件5。

4.1.2 信息处置与研判

公司应急领导小组接到报告后,根据事故的性质、严重程度、影响范围和可控性,对事故进行研判,做出预警或应急响应启动的决策:

(1)若未达到应急响应启动条件,可做出预警启动的决策,发布预警信息,指定专人实时跟踪事态发展,及时向应急领导小组汇报。

(2)达到应急响应启动条件时,应下达应急响应指令(预案启动模板:公司发生××事故,经公司应急领导小组研究决定,启动应急预案),迅速开展应急响应工作。实时跟踪事态发展,科学分析处置需求,及时调整响应级别。

4.2 预警

4.2.1 预警启动

公司应急领导小组宣布进入事故预警状态后,应开展的工作包括但不限于:

(1)指令事发部门采取防范控制措施,并通知公司应急领导小组相关成员及相关应急工作组进入预警状态,做好应急准备工作。

(2)必要时安排各职能组有关人员赶赴现场指导应急工作。

(3)利用通信等手段,持续跟踪并详细了解事态发展及现场应急处置情况。

(4)协调相关专家做好前往现场的准备。

(5)通知本公司抢修队伍、外部依托资源集结待命,装备应急物资,做好调配准备。

(6)做好对外信息公开和起草上报材料的准备。

(7)做好与现场相关信息的传递工作。

4.2.2 预警解除

根据更新信息进行预测、判断是否解除预警,由公司应急领导小组宣布预警解除。

4.3 响应启动

4.3.1 初期响应

(1)公司应急领导小组根据事态情况,明确但不限于以下事宜:

①事发地点及事故情况。

②明确事故防控要求,对抢险分工进一步做出具体安排。

③调动本公司应急资源,调动应急外部依托资源。

④通过接报信息研判事故等级。

⑤确定应急上报的地方政府、上级有关部门和内容。

⑥赶赴现场,成立现场指挥部。

(2)应急领导小组根据事态发展及处置情况,适时安排后续工作。

(3)建立各应急工作组之间的信息沟通渠道,沟通、传达相关信息。

(4)各应急工作组落实工作任务,及时将负责的工作情况及决定报告现场指挥部。

4.3.2 信息公开

(1)新闻媒体沟通、信息发布

①当发生三级(公司级)生产安全事故时,善后处理组应在1小时内完成新闻稿的草拟,草拟稿经公司总经理审核后应传递至政府及有关部门最终审批,公司应配合政府及有关部门进行事故信息的发布。草拟稿内容应包括但不限于:事故的时间、地点、初步情况,以及对人员、环境、社会的影响,应急处置阶段性进展情况。

②参加发布会的主要媒体名单、信息发布的时间和场所、事故新闻发言人,由政府及有关部门确定;未经政府及有关部门授权或批准,任何人不得擅自接受采访或对外发布事故信息。

(2)内部员工信息告知的要求

①要对内部员工告知事故的情况,及时进行正面引导,齐心协力,共同应对;

②主要采用公司的内部网站、内部宣传材料或内部信息沟通会等方式;

③做好对内部员工的宣传引导工作,注意收集员工对事件的反应、意见及建议。员工不得对外披露或内部传播与公司告知不相符的内容。

(3)受事故影响的相关方的告知要求

①事故发生后,公司应及时向地方政府报告事故有关情况,并配合地方政府向受到影响的相关方(如下游用户、周边可能受到影响的居民、企事业单位等)告知有关情况,以及相应的应急措施和方法。

②事故中有相关方员工伤亡时,应立即将事故信息告知相关方。

③如因事故导致供货等受影响时,应及时与相关方联系,取得对方谅解,避免影响合作关系和不必要的法律纠纷。

4.4 应急处置

4.4.1 现场应急指挥责任主体及指挥权交接

(1)事发单位是应对生产安全事故先期处置的责任主体,对管辖范围内的生产安全事故负有直接指挥权、处置权,应第一时间启动本单位应急响应。在紧急情况下,生产现场带班人员、班组长和调度人员有直接处置权和指挥权,在遇到险情或事故征兆时可立即下达停产撤人命令,组织现场人员及时、有序撤离到安全地点,减少人员伤亡。

(2)生产安全事故发生后,事发单位应立即启动应急响应,先期成立现场指挥部,由事发现场最高职位者担任现场指挥员,在确保安全的前提下采取有效措施组织抢救遇险人员,控制危险源、封锁危险场所、划定警戒区,防止事件扩大。当事态超出本级应急能力,且事件无法得到有效控制时,应立即向上一级单位请求实施更高级别的应急救援。

(3)在上级单位领导赶到现场后,事发单位应将指挥权移交现场最高领导;在政府应急指挥机构领导赶到现场后,现场指挥权应立即移交政府,并汇报事故情况、进展、风险以及影响控制事态的关键因素等问题,服从政府现场应急指挥部的指挥。

4.4.2 事故现场应急处置措施

现场应急指挥部成立后,迅速设立现场应急处置工作组。根据现场应急处置工作需要,明确事故现场警戒疏散、医疗救治、现场监测、技术支持、工程抢险及环境保护方面的应急处置措施,并明确人员防护的要求。

(1)库房火灾应急处置

①现场侦查:组织抢险救灾组人员佩戴劳动防护用品,在保证自身安全的情况下对火场进行初步侦查,对如下情况进行确认:

a.被困人员情况。

b.着火物品、着火点周边是否有物品(种类、数量)。

c.火势范围、对毗邻建筑威胁程度。

②人员救助与医疗救护:抢险救灾组人员佩戴劳动防护用品,在应急救援领导小组的指导下,携带救生器材迅速进入现场。采取正确的救助方式,将所有遇险人员移至上风或侧上风方向空气无污染地区,医疗救护组人员对救出人员进行现场急救,将伤情较重者送医疗急救部门救治。

③警戒隔离与人员疏散:警戒保卫组与发生事故部门根据现场检测情况确定警戒区域,进行警戒、疏散、交通管制:

a.将警戒区域划分为危险区和安全区,并设立警戒标识,在安全区外视情况设立隔离带。

b.合理设置出入口,严格控制各区域进出人员、车辆、物资,并进行安全检查、逐一登记。

c.设立警戒区的同时,有序组织警戒区内的无关人员疏散。

④ 技术支持:必要时联系专家参与公司抢险方案的制订(技术专家组联系方式见附件6),为应急指挥部提供决策建议,为现场处置工作提供技术支持。同时向各抢险人员进行技术方案和关键操作工序的交底,防止抢险过程中的误操作和次生事故的发生。

⑤火场控制与灭火:抢险救灾组和义务消防队员进行初期火灾的扑救工作。在实施灭火前,要对火场现场进行控制,以达到灭火条件:

a.如为电气火灾,首先切断电源,而后再进行扑救。

b.利用灭火器、消火栓、厂区消防车、消防自动喷水系统进行初期火灾救援。

c.当火灾失控,危及灭火人员生命安全时,应立即指挥现场全部人员撤离至安全区域。

⑥环境保护措施:依据《蒙牛乳业(焦作)有限公司突发环境事件应急预案》及现场实际情况,制定监测方案和污染物控制方案。抢险救灾组组织事故发生部门对厂内灭火后的残留物料和消防废水,立即进行回收、引流、处理,关闭清污分流切换阀,同时对装置区域清净下水总排放口进行截堵。做好水质和水量的监测,在水质或水量突变的情况下,污水厂对污水进行调节,保障出水达标排放。

(2)液氨泄漏和中毒应急处置措施

①现场侦查:抢险救灾组组织事故发生部门当班职工佩戴劳动防护用品,对泄漏处进行初步侦查。主要侦查以下方面:

a.是否有被困人员。

b.泄漏量、泄漏部位、形式、容器储量。

c.泄漏点周边是否有火源、风向。

d.现场及周边污染情况。

②人员救助与医疗救护:抢险救灾组人员佩戴劳动防护用品,在应急救援领导小组的指导下,携带救生器材迅速进入现场。采取正确的救助方式,将所有遇险人员移至上风或侧上风方向空气无污染的地区,医疗救护组人员对救出人员进行现场急救,将伤情较重者送医疗急救部门救治。

③现场检测:抢险救灾组检测人员检测泄漏物质浓度、扩散范围,特别是下水道、密闭的建构筑物物质浓度及范围。

④警戒隔离与人员疏散:疏散引导组和警戒保卫组根据现场检测情况确定警戒区域,进行警戒、疏散、交通管制。

a.将警戒区域划分为危险区和安全区,并设立警戒标识,在安全区外视情设立隔离带。

b.合理设置出入口,严格控制各区域进出人员、车辆、物资,并进行安全检查、逐一登记。

c.设立警戒区的同时,有序组织警戒区内的无关人员向泄漏点上风向疏散。

⑤点火源控制:抢险救灾组立即清除泄漏污染区域内的各种火源,救援器材应具备防爆功能。

⑥泄漏源控制:抢险救灾组与制冷应急救援人员根据现场泄漏情况,采取水幕稀释、关断泄漏处两端的供液阀、出液阀、应急堵漏,要有防止泄漏物连续泄漏的措施。用水雾稀释泄漏物浓度,拦截、导流和蓄积泄漏物,防止泄漏物向重要目标或环境敏感区扩散。对于贮罐区发生液体泄漏时,要及时关闭雨水阀,防止物料外流。必要时联系专家参与公司抢险方案的制订(技术专家组联系方式见附件6),为应急指挥部提供决策建议,为现场处置工作提供技术支持。

⑦环境保护措施:依据《蒙牛乳业(焦作)有限公司突发环境事件应急预案》及现场实际情况,制定监测方案和污染物控制方案。大量残液,使用事故池收集或用防爆泵抽吸,采用先中和预处理再进入污水厂集中处理的方式;少量残液用稀释、吸附、固化、中和等方法处理。

4.5 应急支援

研判本公司救援力量无法控制事故状态时,通信联络组组长应联系外部救援单位,通知安监部门、消防部门、医疗卫生部门、环保部门请求支援,并做好接引、告知、配合等工作。当外部救援力量未到且灾害尚在可控状态或未危及抢险救援人员生命安全时,本公司仍应进行相应救援。当事故现场灾害出现失控状态或危及抢险救援人员生命安全时,现场应急指挥部应立即指挥现场全部人员撤离至安全区域、封锁危险区域、实施交通管制,防止事件扩大。

4.6 响应终止

现场应急指挥部确认应急状态符合以下条件时,可以解除时:

(1)事故已得到控制,没有导致次生、衍生的事故隐患。

(2)没有被困人员,事故现场人员已疏散到安全地带。

(3)受伤人员已全部从事故现场救出,并送到医院进行救治,没有失踪人员(包括救援人员)。

(4)环境受到污染经处理后,应符合国家或行业有关标准。由现场指挥部负责人或委托人决定并发布响应终止解除命令。解除方式为:以电话或短信方式通知应急领导小组成员

(模板:经现场指挥部研究决定,关闭生产安全事故应急预案)。

5 后期处置

在应急中未能及时、彻底清除的污染物,灾情受控后公司应继续组织人员进行清理。对公司无法处理的污染、废弃物等,联系具备资质的危险废物处理单位安全处理。

事故应急结束后,在查清事故原因的基础上,由安环技术处、动力处负责组织对事故现场进行清理和设备设施修复,并对有关工艺设备操作规程进行修订,消除各种隐患和缺陷。完成后经相关部门确认,达到启动条件时,尽快恢复生产。

对于事故中受到伤害的人员及时送就近医院或者送至与本公司签署救援协议的医院(焦作市第二人民医院,联系方式见附件4)全力进行抢救和治疗,由善后处理组负责安排专人进行跟踪监护和慰问,并协同人力部门办理相关工伤理赔事项。

对事故造成的公司财产损失和人员伤亡,由财务处负责向相关机构申报理赔。

对事故造成的社会人员伤害和财产损失,依照相关法律规定,协商经济补偿方案。

对本次抢险过程和应急救援能力进行评估,并根据评估结果对公司的应急预案进行修订。

6 应急保障

6.1 通信与信息保障

应急救援领导小组办公室掌握、更新本公司及外部所有应急相关人员的通信联系方式。

6.2 应急队伍保障

公司建立了应急救援队伍,成立了氨气泄漏和火灾应急两支兼职救援队;队伍配备了先进的救援设备并定期进行演练,同时每年度邀请消防部门、医疗部门、应急专家等定期对救援队伍及救援流程进行专业培训、指导,熟悉公司危险源及处置措施,掌握了抢险救灾的相关技能。

与周边企业签订互救协议(本公司与焦作金叶醋酸纤维有限公司,联系方式见附件4,其地址与我公司西侧相邻),作为应急队伍的补充力量。

6.3 物资装备保障

公司投入资金配备了消防车、正压式空气呼吸器、防化服、商务车、巡逻车、叉车等应急物资(具体见附件7),并且每年按照各部门实际情况补充并更新设备、机具、物资。

6.4 资金保障

(1)年度专项资金用于日常应急工作,包括应急管理系统和应急专业队伍建设,应急装备配置,应急物资储备,应急宣传和培训,应急演练以及应急设备日常维护、预案审查及备案等。

(2)不可预见资金用于处置生产安全事故及其他不可预见事件。财务部门负责确保应急管理专项资金到位,按应急领导小组的指令,保证所需的应急资金。

6.5 外部依托资源保障

根据生产安全事故性质、严重程度、范围等选择应急处置和救援可依托的外部专业队伍、物资、技术等,如地方公安、消防、医疗、安监、环保等部门,确保生产安全事故的应急处置、消防、环境监测、医疗救治、治安保卫、交通运输等应急救援力量到位。

6.6 后勤保障

公司应急状态下的后勤保障主要由公司供应部门、安环技术处、外务处负责，主要负责保障现场应急指挥部的正常秩序，保持现场应急指挥部的应急通道畅通，应急设施完好；必要时，起用应急临时办公设施；并负责应急交通工具、应急人员食宿及对外来采访生产安全事故人员进行疏导和妥善安排等工作，涉及内外部人员食宿时，由外务处负责人进行联系（协议酒店及联系方式见附件4）。

6.7 医疗救护保障

公司根据应急需要，依托社会应急医疗救护资源、与属地医疗机构签订救援协议，支援现场应急救治工作。

7 附件

附件1 企业概况

蒙牛乳业（焦作）有限公司位于河南省焦作市高新区神州路东段3188号。2003年11月开工建设，2004年5月20日投产，法人代表×××，注册资金1.1亿元，总投资8.1亿元；公司厂区占地面积23万 m^2，建筑面积16万 m^2；现有冰淇淋生产线13条，液体奶生产线24条，低温生产线7条；现有员工1 200人；主要产品包括液体奶、冰淇淋、低温酸奶三大系列。公司通过了ISO 9001质量管理体系、ISO 14001环境管理体系、OHSAS 18001职业健康管理体系认证，公司是安全标准化一级达标企业。

公司现有两个制冷车间，使用液氨制冷。依据《危险化学品重大危险源辨识》（GB 18218—2018），辨识出重大危险源1处，为制冷装置区，储存液氨为47吨，为三级重大危险源，公司周边不存在重大危险源。

其他使用的化学品主要涉及酒精、碱液、酸液、双氧水等，存放于化学品库房，主要用于生产工艺管道的清洗。

公司使用的原辅料主要为纸箱、白糖、香精等原辅料，存放于仓库中。

公司所在地区属暖温带半干旱大陆性季风气候，最显著的气候特征是雨热同期，四季分明。春季干旱多风沙；夏季炎热，降雨集中；秋季温和，气候凉爽宜人；冬季寒冷少雪。

主要气候条件：

主导风向：夏季为东南风和东北风，冬季为西南风和西北风。

年平均温度：14.3 ℃

历年极端最高温度：42.5 ℃

历年极端最低温度：−17.9 ℃

年平均降雨量：538. 4 mm

最高降雨量：1050 mm

最大风速：20 m/s

最大风力：10级

本区地质构造位于秦岭东西构造带北缘，太行山复背斜隆起南段，西接中条山突起，晋东南山字形构造前弧横贯东西，广泛发育着燕山运动以来所形成的各种构造形迹，主要为高角度正断层。根据构造特点与形成联系，分为东西向（纬向）构造体系，新华夏、晋东南山字形构造等。

山前倾斜平原及冲积平原区为第四纪松散沉积物，蕴藏着丰富的浅层地下水。焦作市土壤属Ⅱ级非自重湿陷性黄土。

公司周边涉及危险化学品使用企业调查图(略)

公司平面布置图(略)

附件2　事故风险评估

表1　事故风险评估结果表

序号	风险种类	易发生区域	原因、可能时间	事故征兆	严重程度、影响范围	可能引发的衍生事故	风险等级
1	火灾爆炸	车间、液氨罐区、库房、办公区等易燃物料使用场所、电气设备使用场所、生活场所	设备缺陷、电线老化、短路过热、违规作业	设备、电线温度过高，有黑色烟雾	污染环境、人员伤亡、厂区大面积停电。整个厂区范围	环境污染、人员伤亡	较大风险
2	略	略	略	略	略	略	略
3	略	略	略	略	略	略	略
4	略	略	略	略	略	略	略
5	略	略	略	略	略	略	略
6	略	略	略	略	略	略	略
7	略	略	略	略	略	略	略

事故风险评估结论：通过前期的生产安全事故风险评估，对我公司生产作业过程中可能存在的危险因素进行了全面辨识，并使用风险矩阵评价法对可能发生的事故类型产生的后果进行了评价，确定了风险等级(表1)。

结合风险矩阵评价结果及事故造成的严重后果，最终确定就火灾爆炸、中毒和窒息、灼烫、机械伤害、触电、高处坠落、氨气泄漏、车辆伤害这八种事故类型编制生产安全事故应急预案或现场处置方案，对物体打击、淹溺、起重伤害、坍塌这四种事故类型纳入操作规程及日常风险管控中。

附件3　应急响应分级

表2　应急响应分级表

序号	响应分级	启动条件（下列条件之一）	响应部门
1	Ⅰ 集团总部级	①造成或可能造成3人及以上死亡，或10人及以上重伤较大生产事故 ②危险化学品泄漏、火灾、爆炸等可能造成周边人员疏散的，或事故一旦发生，难以在有限时间或空间内进行处置的 ③其他需要集团公司启动应急响应的	中粮集团
2	Ⅱ 专业化公司级	①造成或可能造成1人及以上死亡，或3人及以上重伤 ②液氨泄漏、库房火灾、爆炸等可能波及工厂之外的范围或需要外部社会力量介入处置的 ③其他需要专业化公司启动应急响应的	蒙牛集团

续表

序号	响应分级	启动条件（下列条件之一）	响应部门
3	Ⅲ 工厂级	①造成或可能造成1人及以上重伤 ②发生5分钟以上未能被控制的火灾 ③天然气、液氨泄漏10分钟内未控制 ④发生爆炸事故 ⑤其他需要分公司、工厂启动应急响应的	工厂
4	Ⅳ 车间级	①发生可能造成人员伤害的事故 ②发生火灾事故 ③发生化学品或天然气泄漏事故 ④发生爆炸事故 ⑤其他需要车间启动应急响应的	车间

注：造成不良社会影响的，可视情况提级响应。

附件4　应急通信联系表

表3　公司24小时应急通信联系表

姓名	电话	手机	E-mail

表4　公司内部应急通信联系表

应急单位	姓名	手机	办公电话	备注
应急领导小组				总指挥
				副总指挥
				副总指挥
				副总指挥
应急救援领导小组办公室				组长
				成员
				成员
通信联络组				组长
				成员
				成员
抢险救灾组				组长
				成员
				成员
				成员

续表

应急单位	姓名	手机	办公电话	备注
警戒保卫组				组长
				成员
				成员
医疗救护组				组长
				成员
				成员
后勤保障组				组长
				成员
				成员
善后工作组				组长
				成员
				成员
				成员

表5 蒙牛集团安全质量管理部应急通信联系表

姓名	电话	手机	E-mail

表6 上级救援中心及政府部门应急通信联系表

单位名称	联系方式

表7 协议酒店应急通信联系表

蒙牛乳业（焦作）有限公司协议酒店一览表						
序号	酒店名称	星级	地址	订房电话	酒店联系人及电话	负责此项工作联系人及电话
1						
2						
3						
4						

附件5　信息接报记录表

表8　生产安全事故信息报告表

编号：XXX

信息报送单位：　　　　　　　　　　　　　　　　领导签发：

<table>
<tr><td rowspan="11">事故基本情况</td><td rowspan="3">事故经过描述</td><td rowspan="3" colspan="3"></td><td colspan="2">联系人及电话</td><td colspan="7"></td></tr>
<tr><td colspan="2">事故发生时间</td><td colspan="7"></td></tr>
<tr><td colspan="2">上报时间</td><td colspan="7"></td></tr>
<tr><td>事故等级</td><td></td><td>事故类型</td><td colspan="10">1物体打击；2车辆伤害；3机械伤害；4起重伤害；5触电；6淹溺；7灼烫；8火灾；9高处坠落；10坍塌；11冒顶片帮；12透水；13放炮；14火药爆炸；15瓦斯爆炸；16锅炉爆炸；17容器爆炸；18其他爆炸；19中毒和窒息；20其他伤害</td></tr>
<tr><td>事故发生位置、波及范围</td><td colspan="5"></td><td>现场救援情况</td><td colspan="6"></td></tr>
<tr><td rowspan="3">人员伤亡、直接经济损失情况</td><td rowspan="3">事故区域总人数</td><td rowspan="3"></td><td rowspan="3">疏散人数</td><td rowspan="3">被困人数</td><td rowspan="3">剩余人员中自行脱险</td><td rowspan="2">生还人数</td><td>抢救生还</td><td></td><td rowspan="2">受伤人数</td><td rowspan="2"></td><td>重伤</td><td rowspan="2">直接经济损失</td></tr>
<tr><td>轻伤</td><td></td><td></td></tr>
<tr><td>被困位置</td><td></td><td>死亡</td><td></td><td></td><td></td><td></td></tr>
<tr><td rowspan="2">伤害人员信息</td><td>姓名</td><td></td><td>年龄</td><td></td><td>性别</td><td></td><td>职务</td><td></td><td>所在部门</td><td></td><td></td><td></td></tr>
<tr><td>是否工伤</td><td></td><td>受伤部位</td><td colspan="3"></td><td>医治医院</td><td></td><td>员工所在法人单位</td><td></td><td></td><td></td></tr>
<tr><td>死者家属信息</td><td>父母人数年龄</td><td></td><td>配偶年龄</td><td></td><td>子女年龄</td><td></td><td>其他供养亲属</td><td></td><td>兄弟姐妹人数</td><td></td><td></td><td></td></tr>
<tr><td>事故原因分析</td><td colspan="4">人的不安全行为：</td><td colspan="4">物的不安全状态：</td><td colspan="5">管理缺陷：</td></tr>
<tr><td>改进措施</td><td colspan="4">纠正（为消除已发现的不符合所采取的措施）：</td><td colspan="4">纠正措施（用以消除所发现的不符合或其他不期望情况的原因所采取的措施）：</td><td colspan="5">预防措施（用以消除潜在的不符合或其他不期望的潜在情况的原因所采取的措施）：</td></tr>
</table>

续表

<table>
<tr><td rowspan="3">事故处理结果及事故教训</td><td colspan="2">事故处理结果:</td><td colspan="2">事故教训：</td></tr>
<tr><td>单位安全负责人意见：</td><td>人力资源部（处）意见：</td><td>单位工会意见：</td><td>单位负责人意见：</td></tr>
<tr><td>负责人签字（日期）：</td><td>负责人签字（日期）：</td><td>负责人签字（日期）：</td><td>负责人签字（日期）：</td></tr>
</table>

附件6　技术专家组联系方式

表9　技术专家组通信联系表

序号	专业组	成员	单位	性别	联系方式
1	危险化学品				
2					
3					
4					
5	职业卫生				
6					
7					
8					
9	电气安全				
10					
11					
12	机械设备				
13					
14					
15					

续表

序号	专业组	成员	单位	性别	联系方式
16	应急救援				
17					
18					
19					
20					
21	公司设备、原辅料供应商				
22					
23					
24					
25					

附件7　应急装备一览表

表10　应急装备表

类别		设备名称及性能	数量	存放地点	管理人员
车辆类	消防车	水罐消防车（16 t、压力0.65 MPa）			
	消防巡查车	电动巡查车（乘坐7人）			
	物资转运车	叉车（1.5 t，电动）			
	公务车	公司商务车（7座）			
防护类	身体防护	防火服			
		防化服（轻型防化服）			
		安全带			
	头部防护	消防头盔			
		抢险救援头盔			
		安全帽（玻璃钢材质）			
		防毒面罩（一次性过滤式）			
	眼部防护	护目镜			
	呼吸防护	滤毒罐（活性炭）			
		正压式空气呼吸器			
		火灾防烟面具			
		防尘口罩			

续表

类别	设备名称及性能	数量	存放地点	管理人员
监测类	气体检测仪（便携式氨气检测仪）			
	红外线测温仪			
	四合一有毒有害气体检测仪（自吸泵式）			
警戒类	警戒标识杆			
	隔离警示带			
	危险警示牌			
	闪光警示灯（太阳能式）			
救生类	折叠式担架			
	救生绳索			
洗消类	洗消喷淋器			
通信类	便携式笔记本电脑			
	对讲机			
抢险类	堵漏枪			
	灭火器（干粉、二氧化碳）			
	电动剪切钳			
	排水泵（3 km 40 t/h 潜水泵）			
	雨衣			
	雨鞋			
	强光手电			
	消防沙			
	消防水带			

参考文献

[1] 李尧远.应急预案管理[M].北京:北京大学出版社,2013.

[2] 陆愈实,郭海林,庞奇志.应急预案编制与演练[M].北京:气象出版社,2017.

[3] 中华人民共和国应急管理部.生产安全事故应急演练基本规范:AQ/T 9007—2019[S].北京:应急管理出版社,2019:1-6.

[4] 中华人民共和国应急管理部.应急管理部关于修改《生产安全事故应急预案管理办法》的决定[N].中国应急管理报,2019-07-20(2).

[5] 中华人民共和国国务院令第 708 号.生产安全事故应急条例[EB/OL].(2019-02-17)[2021-03-01].http://www.gov.cn/gongbao/content/2019/content_5374087.htm.

[6] 全国安全生产标准化技术委员会.生产经营单位生产安全事故应急预案编制导则:GB/T 29639—2020[S].北京:中国标准出版社,2020:1-11.